面向21世纪课程教材

DIANGONG YU DIANZI JISHU
SHIYAN JIAOCHENG

电工与电子技术
实验教程 第 三 版

肖明明　　陈宁夏　　刘　毅
姚华桢　　杜淑琴　　刘　佳 ◎主编

中山大学出版社
SUN YAT-SEN UNIVERSITY PRESS

·广州·

图书在版编目（CIP）数据

电工与电子技术实验教程/肖明明等主编 . —3 版. —广州：中山大学出版社，2016. 9
（面向 21 世纪课程教材）
ISBN 978 - 7 - 306 - 05837 - 9

Ⅰ . 电… Ⅱ . ①肖… Ⅲ . ①电工技术—实验—高等学校—教材 ②电子技术—实验—高
等学校—教材 Ⅳ. TM - 33　TN - 33

中国版本图书馆 CIP 数据核字（2016）第 226085 号

出 版 人：徐　劲
策划编辑：黄浩佳
责任编辑：黄浩佳
封面设计：曾　斌
责任校对：谢贞静
责任技编：黄少伟
出版发行：中山大学出版社
电　　话：编辑部 020 - 84111996，84113349
　　　　　发行部 020 - 84111998，84111981，84111160
地　　址：广州市新港西路 135 号
邮　　编：510275　传　　真：020 - 84036565
网　　址：http：//www. zsup. com. cn　E-mail：zdcbs@ mail. sysu. edu. cn
印 刷 者：佛山市浩文彩色印刷有限公司
规　　格：787mm×1092mm　1/16　16.75 印张　420 千字
版次印次：2008 年 3 月第 1 版　2009 年 9 月第 2 版　2016 年 9 月第 3 版　2020 年 1 月第 5 次印刷
定　　价：42.00 元

内 容 简 介

　　本书是参照高等学校工科基础课电工、电子技术基础教材编写大纲的意见编写的。内容包括三大部分：电工与电子技术实验基础、基础实验、综合性与设计性实验，涵盖电工技术、模拟电子技术和数字电子技术的基本实验项目以及综合性与设计性的实验项目。本书内容新颖、全面，突出综合性、实用性和先进性。

　　本书内容由浅入深、通俗易懂，可作为高等院校电子通信类、计算机类、电气自动化类以及非电工科类等专业电工电子技术实验与综合设计的指导教材，也可供成人高等教育从事电工电子技术工作的教师和工程技术人员参考。

修 订 说 明

随着电工电子技术的发展，结合实验手段与设备的更新，在《电工与电子技术实验教程》第一版和第二版使用的基础上，借对原书再印的机会，编者编写了《电工与电子技术实验教程》第三版。在新版中，编者对原书进行了全面的修订，纠正了原版中的错漏，包括插图和内容，更新了部分实验内容。

本次的修订由肖明明老师定稿，陈宁夏、刘毅、姚华桢、杜淑琴和刘佳老师参加了修订工作。

在此次修订过程中也得到了其他同志的协助，在此一并感谢。

由于作者水平有限，书中难免有不当之处，恳请读者予以批评指正。

编 者
2016 年 5 月

前　言

  为了加强高等电工电子技术基础课的实验与实践教学，更好地开展电工、电子实践教学，全面提高教学质量，培养学生实验动手能力、综合分析能力及数据处理能力，适应社会对应用型人才的需求，编写了《电工与电子技术实验教程》一书。本书是根据高等院校理工科电工、电子技术课程的教学大纲，结合编者多年来的教学与实践经验，以及该课程最新的发展与应用状况而编写的。本书分为上、中、下三编：即电工与电子技术实验基础，基础实验，综合性与设计性实验。内容涵盖电工技术基础、模拟电子技术基础和数字电子技术基础三大部分的基础实验指导以及综合性设计性实验的说明和指导。书中对电工、电子技术课程中涉及的一些常用的、典型的、具有一定价值的电工、电子电路和系统的实验、设计提供了详尽的指导。并且力求以应用为主，反映新器件、新技术和科研成果。选题范围广、深度适宜。

  本书由肖明明、陈宁夏、刘毅、姚华桢、杜淑琴和刘佳任主编。陈宁夏负责电工实验的编写工作，肖明明和刘毅负责模拟电技术实验的编写工作，姚华桢、杜淑琴和刘佳负责数字电子技术实验的编写工作。参加编写工作的有刘云、黄洪波和张绮等。

  肖明明负责全书内容的组织和定稿。

  在编写本书工程中，得到其他同志的大力支持和帮助，在此一并表示感谢。

  由于作者水平有限，书中不妥之处在所难免，恳请读者予以批评指正。

编　者

2016 年 5 月

目　录

下编　综合性与设计性实验

附　　录

上　编

电工与电子技术实验基础

第1章 基本电工仪表的使用与测量误差的计算

本章的主要目的是熟悉电工与电子技术实验中常用的各类测量仪表的原理及使用方法，掌握电压表及电流表内电阻的测量方法，熟悉电工仪表测量误差的计算方法。

一、原理说明

（1）为了准确地测量电路中实际的电压和电流，必须保证仪表接入电路后不会改变被测电路的工作状态，这就要求电压表的内阻为无穷大，电流表的内阻为零。而实际使用的电工仪表都不能满足这一要求。因此，当测量仪表一旦接入电路，就会改变电路原有的工作状态，从而导致仪表的读数值与电路原有的实际值之间出现误差，这种测量误差值的大小与仪表本身内电阻值的大小密切相关。

（2）本实验测量电流表的内阻采用"分流法"，如图 1-1 所示。

A 为被测内阻（R_A）直流电流表，测量时先断开开关 S，调节恒流源的输出电流 I 使电流表 A 指针满偏转，然后合上开关 S，并保持 I 值不变，调节电阻箱的阻值 R_B，使电流表的指针指在 1/2 满偏转的位置，此时有 $I_A = I_S = \dfrac{I}{2}$，所以 $R_A = R_B /\!/ R_1$。

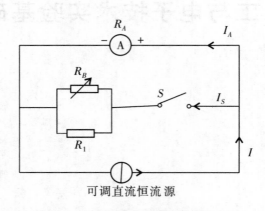

图 1-1　采用分流法测量电流表的内阻

R_1 为固定电阻值，R_B 由可调电阻箱的刻度盘上读得。R_B 与 R_1 并联，且 R_1 选用小阻值电阻，R_B 选用较大的电阻，则阻值调节可比单只电阻箱更为细微、平滑。

（3）测量电压表的内阻采用"分压法"，如图 1-2 所示。

V 为被测内阻（R_V）电压表，测量时先将开关 S 闭合，调节直流稳压电源的输出电压，使电压表 V 的指针为满偏转。然后，断开开关 S，调节 R_B 阻值使电压表 V 的指示值减半。此时有：$R_V = R_B + R_1$。

电压表的灵敏度为：

$$S = R_V/U(\Omega/V)$$

（4）仪表内阻引入的测量误差（通常称为方法误差，而仪表本身构造上引起的误差称为仪表基本误差）的计算。

以图 1-3 所示为例，R_1 上的电压为 $U_{R_1} = \dfrac{R_1}{R_1 + R_2}U$，若 $R_1 = R_2$，则 $U_{R_1} = \dfrac{1}{2}U$。

现用一内阻为 R_V 的电压表来测量 U_{R_1} 值。当 R_V 与 R_1 并联后，$R_{AB} = \dfrac{R_V R_1}{R_V + R_1}$，以此来替代上式中的 R_1，则得：

$$U'_{R_1} = \frac{\dfrac{R_V R_1}{R_V + R_1}}{\dfrac{R_V R_1}{R_V + R_1} + R_2}U$$

绝对误差：$\Delta U = U'_{R_1} - U_{R_1} = U\left(\dfrac{\dfrac{R_V R_1}{R_V + R_1}}{\dfrac{R_V R_1}{R_V + R_1} + R_2} - \dfrac{R_1}{R_1 + R_2} \right)$

化简后得：$\Delta U = \dfrac{-R_1^2 R_2 U}{R_V(R_1^2 + 2R_1 R_2 + R_2^2) + R_1 R_2(R_1 + R_2)}$

若 $R_1 = R_2 = R_V$，则得：$\Delta U = -\dfrac{U}{6}$

相对误差：$\Delta U\% = \dfrac{U'_{R_1} - U_{R_1}}{U_{R_1}} \times 100\% = \dfrac{-\dfrac{U}{6}}{\dfrac{U}{2}} \times 100\% = -33.3\%$

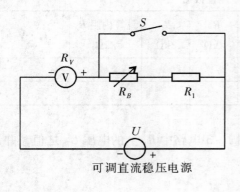
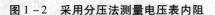

图 1-2　采用分压法测量电压表内阻

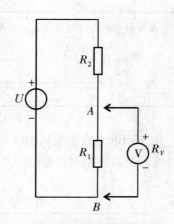

图 1-3　仪表内阻引入的测量误差

二、实验设备及器件

（1）可调直流稳压电源 0～30V。
（2）可调直流恒流源 0～200mA。
（3）万用电表。
（4）可调电阻箱 0～99999Ω。
（5）电阻器若干。

三、实验内容

（1）根据"分流法"原理测定 MF－47 型（或其他型号）万用表直流 0.5mA 和 5mA 挡量限的内阻，线路如图 1－1 所示。

表 1－1　"分流法"测量数据

被测电流表量限/mA	S 断开时表读数/mA	S 闭合时表读数/mA	R_B/Ω	R_1/Ω	计算内阻 R_A/Ω
0.5					
5					

（2）根据"分压法"原理按图 1－2 接线，测定万用电表直流电压 2.5V 和 10V 挡量限的内阻。

表 1－2　"分压法"测量数据

被测电压表量限/V	S 闭合时表读数/V	S 断开时表读数/V	R_B/kΩ	R_1/kΩ	计算内阻 R_A/kΩ	$S/\Omega \cdot V^{-1}$
2.5						
10						

（3）用万用电表直流电压 10V 挡量限测量图 1－3 电路中 R_1 上的电压 U_{R_1} 之值，并计算测量的绝对误差与相对误差。

表 1－3　测量的绝对误差与相对误差

U	R_2	R_1	R_V/kΩ	计算值 U_{R_1}/V	实测值 U'_{R_1}/V	绝对误差 ΔU	相对误差 $(\Delta U/U_{R_1}) \times 100\%$
10V	10kΩ	20kΩ					

四、实验报告

（1）根据实验内容（1）和（2），若已求出 0.5mA 挡和 2.5V 挡的内阻，可否直接计算得出 5mA 和 10V 挡的内阻？

（2）用量限为 10A 的电流表测实际值为 8A 的电流时，实际读数为 8.1A，求测量的绝对误差和相对误差。

（3）图 1-4（a）、（b）为伏安法测量电阻的两种电路，被测电阻的实际阻值为 R_x，电压表的内阻为 R_V，电流表的内阻为 R_A，求两种电路测量电阻 R_x 的相对误差。

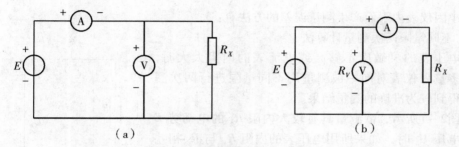

图 1-4　伏安法测量电阻的两种电路

（4）列表记录实验数据，并计算各被测仪表的内阻值。

（5）计算实验内容（3）的绝对误差与相对误差。

第2章 测量仪表的误差及其分析方法

本章主要介绍电工测量过程中仪表产生误差的原因及其减小测量误差的方法，从而把握学习和工作过程中测量、分析的准确性。

一、原理说明

减小因仪表内阻而产生测量误差的方法有：

1. 不同量限两次测量计算法

当电压表的灵敏度不够高或电流表的内阻太大时，可利用多量限仪表对同一被测量用不同量限进行两次测量，可得到较为准确的测量结果。

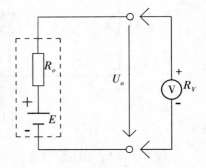

如图2 - 1所示，欲测量具有较大内阻 R_o 的电动势 E 的开路电压 U_o 时，如果所用电压表的内阻 R_V 与 R_o 相差不大，将会产生很大的测量误差。

设电压表有两挡量限，U_1，U_2 分别为在这两个不同量限下测得的开路电压，如图2 - 1所示。

令 R_{V_1} 和 R_{V_2} 分别为这两个相应量限的内阻，则由图 2 - 1可得出：

图2 - 1 电压的测量电路

$$U_1 = \frac{R_{V_1}}{R_o + R_{V_1}} E \tag{1}$$

$$U_2 = \frac{R_{V_2}}{R_o + R_{V_2}} E \tag{2}$$

由（1）式得：

$$R_o = \frac{R_{V_1} E}{U_1} - R_{V_1} = R_{V_1} \left(\frac{E}{U_1} - 1 \right) \tag{3}$$

将（3）式代入（2）式可得：

$$E = \frac{U_2 (R_o + R_{V_2})}{R_{V_2}} = \frac{U_2 \left(\dfrac{R_{V_1} E}{U_1} - R_{V_1} + R_{V_2} \right)}{R_{V_2}}$$

从中解得 E，经化简后得：

$$E = U_o = \frac{U_1 U_2 (R_{V_2} - R_{V_1})}{U_1 R_{V_2} - U_2 R_{V_1}} \tag{4}$$

由式（4）可知，不论电源内阻 R_o 相对电压表的内阻 R_V 有多大，通过上述两次测量结果，经计算后可较准确地测量出开路电压 U_o 的大小。

对于电流表，当其内阻较大时，也可用类似的方法测得准确的结果。如图 2-2 所示电路。

不接入电流表时的电流为：

$$I = \frac{E}{R_o}$$

接入内阻为 R_A 的电流表 A 时，电路中的电流变为：$I' = \dfrac{E}{R_o + R_A}$，如果 $R_A' = R_o$，则 $I' = \dfrac{I}{2}$，出现很大的误差。如果用有不同内阻 R_{A_1}，R_{A_2} 的两挡量限的电流表作两次测量并经简单的计算就可得到较准确的电流值。

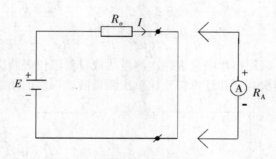

图 2-2　电流的测量电路

按图 2-2 电路，两次测量得：$I_1 = \dfrac{E}{R_o + R_{A_1}}$，$I_2 = \dfrac{E}{R_o + R_{A_2}}$

解得：

$$I = \frac{E}{R_o} = \frac{I_1 I_2 (R_{A_1} - R_{A_2})}{I_1 R_{A_1} - I_2 R_{A_2}}$$

2. 同一量限两次测量计算法

如果电压表（或电流表）只有一挡量限，且电压表内阻较小（或电流表的内阻较大）时，可用同一量限进行两次测量。第一次测量与一般的测量相同，进行第二次测量时必须在电路中串入一个已知阻值的附加电阻。

（1）电压测量。测量如图 2-3 所示电路的开路电压 U_o。

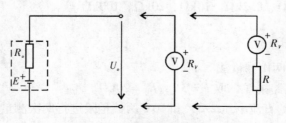

图 2-3　电压的两次测量法

第一次测量，电压表的读数为 U_1（设电压表的内阻为 R_V），第二次测量时与电压表串接一个已知阻值的电阻 R，电压表读数为 U_2，由图 2－3 可知：

$$U_1 = \frac{R_V}{R_o + R_V}E \qquad U_2 = \frac{R_V}{R_o + R_V + R}E$$

解上两式，可得：

$$E = U_o = \frac{RU_1U_2}{R_V(U_1 - U_2)}$$

（2）电流测量。测量如图 2－4 所示电路的电流 I。

第一次测量电流表的读数为 I_1（设电流表的内阻为 R_A），第二次测量时与电流表串接已知阻值的电阻 R，电流表读数为 I_2，由图 2－4 可知：

$$I_1 = \frac{E}{R_o + R_A} \qquad I_2 = \frac{E}{R_o + R_A + R}$$

解得：

$$I = \frac{E}{R_o} = \frac{I_1I_2R}{I_2(R_A + R) - I_1R_A}$$

由上述分析可知，采用多量限仪表两次测量法或单量限仪表两次测量法，不论电表内阻如何，总可以通过两次测量和计算得到比单次测量准确得多的结果。

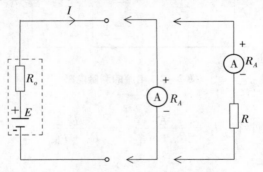

图 2－4　电流的两次测量法

二、实验设备及器件

（1）可调直流稳压电源 0～30V。

（2）万用电表 1 只。

（3）可调电阻箱 0～99999Ω。

（4）电阻器 6.2kΩ，8.2kΩ，10kΩ，20kΩ，100kΩ 等。

三、实验内容

1. 双量限电压表两次测量法

（1）按图 2－3 电路接线，取 $E = 3V$，$R_o = 20kΩ$。

（2）用万用电表的直流电压 2.5V 和 10V 两挡量限进行两次测量，最后计算出开路电压 U_o 之值。

表 2-1　双量限电压表两次测量数据

万用表电压量限/V	双量限内阻值/kΩ	两个量限测量值/V	开路电压实际值/V	两次测量计算值/V	绝对误差 ΔU/V	相对误差 $\Delta U/U \times 100\%$
2.5						
10						

$R_{2.5V}$ 和 R_{10V} 参照实验一的结果。

2. 单量限电压表两次测量法

实验线路如图 2-3 所示，用上述万用电表直流电压 2.5V 量限挡直接测量，得 U_1。然后串接 $R = 10\text{k}\Omega$ 的附加电阻器进行第二次测量，得 U_2。计算开路电压 U_o 之值。

表 2-2　单量限电压表两次测量数据

开路电压实际值 U_o/V	第一次测量值 U_1/V	第二次测量值 U_2/V	测量计算值 U_o'/V/	绝对误差 ΔU/V	相对误差 $\Delta U/U \times 100\%$

3. 双量限电流表两次测量法

按图 2-2 电路接线，取 $E = 3\text{V}$，$R_o = 6.2\text{k}\Omega$，用万用表 0.5mA 和 5mA 两挡电流量限进行两次测量，计算出电路中电流值 I。

$R_{0.5mA}$ 和 R_{5mA} 参照实验一的结果。

4. 单量限电流表两次测量法

实验线路如图 2-4 所示，用万用表 0.5mA 电流量限，直接测量，得 I_1。再串联附加电阻 $R = 8.2\text{k}\Omega$ 进行第二次测量，得 I_2。求出电路中的实际电流 I 之值。

表 2-3　双量限电流表两次测量数据

万用表电流量限/mA	双量限内阻值/Ω	两个量限测量值/mA	电流实际值/mA	两次测量计算值/mA	绝对误差 ΔI	相对误差 $\Delta I/I \times 100\%$
0.5						
5						

表 2-4　单量限电流表两次测量数据

电流实际值 I/mA	第一次测量值 I_1/mA	第二次测量值 I_2/mA	测量计算值 I'/mA	绝对误差 ΔI	相对误差 $\Delta I/I \times 100\%$

四、实验报告

（1）完成各项实验内容的计算。

（2）实验的收获与体会。

第3章 电路元件伏安特性的测绘

本章主要学习常用电路元件的识别方法，并且掌握线性电阻、非线性电阻元件伏安特性的逐点测试方法。

一、原理说明

任何一个二端元件特性可用该元件上的端电压 U 与通过该元件的电流 I 之间的函数关系 $I = f(U)$ 来表示，即用 $I - U$ 平面上的一条曲线来表征，这条曲线称为该元件的伏安特性曲线。

（1）纯电阻元件的伏安特性曲线是一条通过坐标原点的直线，如图 3 - 1 中 a 曲线所示，该直线的斜率等于该电阻器的电阻值。

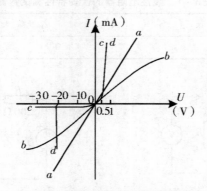

图 3 - 1 电阻元件的伏安特性曲线

（2）一般的白炽灯在工作时灯丝处于高温状态，其灯丝电阻随着温度的升高而增大。并且，通过白炽灯的电流越大，其温度越高，阻值也越大。一般白炽灯灯泡的"冷电阻"与"热电阻"的阻值可相差几倍至十几倍，它的伏安特性如图 3 - 1 中 b 曲线所示。

（3）普通半导体二极管是一个非线性电阻元件，其特性如图 3 - 1 中 c 曲线。正向压降很小（一般的锗管为 0.2~0.3V，硅管为 0.5~0.7V），正向电流随正向压降的升高而急骤上升，而反向电压在一定范围内变化时，其反向电流变化很小。可见，二极管具有单向导电性。当反向电压过高而超过管子的极限值，则会导致击穿损坏。

（4）稳压二极管是一种特殊的半导体二极管，其正向特性与普通二极管类似，但其反向特性不同，如图 3 - 1 中 d 曲线所示。在反向电压开始增加时，其反向电流几乎为零，但当反向电压增加到某一数值时（称为管子的稳压值，有各种不同稳压值的稳压管），电流将突然增加，以后它的端电压将维持基本恒定，不再随外加反向电压升高而增大。

二、实验设备及器件

（1）可调直流稳压电源 0~30V。

（2）直流数字毫安表、直流数字电压表各 1 只。

（3）二极管 2CP15，1 只。

（4）稳压管 2CW51，1 只。

（5）白炽灯泡 12V/0.1A，1 只。

（6）线性电阻器 200Ω，1kΩ 各 1 只。

三、实验内容

1. 测定线性电阻器的伏安特性

按图 3－2 接线，调节直流稳压电源的输出电压 U，从 0V 开始缓慢地增加，一直到 10V，记下相应的电压表和电流表的读数。

表 3－1　线性电阻器的伏安特性测试数据

U/V	0	2	4	6	8	10
I/mA						

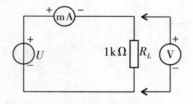

图 3－2　线性电阻测量电路

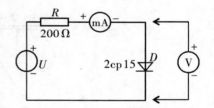

图 3－3　非线性电阻测量电路

2. 测定白炽灯泡的伏安特性

将图 3－2 中的 R_L 换成一只 12V 的小灯泡，重复 1 的步骤。

表 3－2　负载为白炽灯泡时的测试数据

U/V	0	2	4	6	8	10
I/mA						

3. 测定半导体二极管的伏安特性

按图 3－3 接线，R 为限流电阻，测二极管 D 的正向特性时，其正向电流不得超过 25mA，正向压降可在 0~0.75V 之间取值。特别是在 0.5~0.75V 之间应多取几个测量点。作反向特性实验时，只需将图 3－3 中的二极管 D 反接，且其反向电压最大可加到 30V 左右。

正向特性实验数据和反向特性实验数据分别填入表 3－3 和表 3－4。

表 3 - 3　非线性电阻正向伏安特性的测试数据

U/V	0	0.2	0.4	0.5	0.55	...	0.75
I/mA							

表 3 - 4　非线性电阻反向伏安特性的测试数据

U/V	0	−5	−10	−15	−20	−25	−30
I/mA							

4. 测定稳压二极管的伏安特性

将图 3 - 3 中的二极管换成稳压二极管，重复实验内容 3 的测量。

正向特性实验数据和反向特性实验数据分别填入表 3 - 5 和表 3 - 6。

表 3 - 5　稳压二极管正向伏安特性的测试数据

U/V	
I/mA	

表 3 - 6　稳压二极管反向伏安特性的测试数据

U/V	
I/mA	

四、实验报告

（1）线性电阻与非线性电阻的概念是什么？电阻器与二极管的伏安特性有何区别？

（2）设某器件伏安特性曲线的函数式为 $I = f(U)$，试问在逐点绘制曲线时，其坐标变量应如何放置？

（3）稳压二极管与普通二极管有何区别，其用途如何？

（4）根据各实验数据结果，分别在方格纸上绘制出光滑的伏安特性曲线（其中二极管和稳压管的正、反向特性均要求画在同一张图中，正、反向电压可取为不同的比例尺寸）。

（5）根据实验结果，总结、归纳被测各元件的特性。

（6）进行必要的误差分析。

第4章 常用电仪器的使用

本章主要学习电子电路实验中常用的电仪器，如示波器、函数信号发生器、直流稳压电源、交流毫伏表等的主要技术指标、性能、正确使用方法以及用双踪示波器观察正弦信号波形和读取波形参数的方法。

一、原理说明

在模拟电子电路实验中，经常使用的电子仪器有示波器、函数信号发生器、直流稳压电源、交流毫伏表及频率计等。它们和万用电表一起，可以完成对模拟电子电路的静态和动态工作情况的测试。

实验中要对各种电子仪器进行综合使用，可按照信号流向，以连线简捷、调节顺手、观察与读数方便等原则进行合理布局，各仪器与被测实验装置之间的布局与连接如图 4 - 1 所示。接线时应注意，为防止外界干扰，各仪器的公共接地端应连接在一起，称共地。信号源和交流毫伏表的引线通常用屏蔽线或专用电缆线，示波器接线使用专用电缆线，直流电源的接线用普通导线。

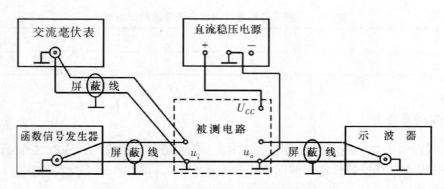

图 4 - 1 模拟电子电路中常用电子仪器布局图

1. 示波器

示波器是一种用途很广的电子测量仪器，它既能直接显示电信号的波形，又能对电信号进行各种参数的测量。现着重指出下列几点：

（1）寻找扫描光迹。将示波器 Y 轴显示方式置"Y_1"或"Y_2"，输入耦合方式置"GND"，开机预热后，若在显示屏上不出现光点和扫描基线，可按下列操作去找到扫描线：①适当调节亮度旋钮。②触发方式开关置"自动"。③适当调节垂直（↕）、水平（⇄）"位移"旋钮，使扫描光迹位于屏幕中央（若示波器设有"寻迹"按键，可按下"寻迹"按键，判断光迹偏移基线的方向）。

（2）双踪示波器一般有五种显示方式，即"Y_1"，"Y_2"，"$Y_1 + Y_2$" 3 种单踪显示方式和"交替"、"断续"2 种双踪显示方式。"交替"显示一般适宜于输入信号频率较高时使用。"断续"显示一般适宜于输入信号频率较低时使用。

（3）为了显示稳定的被测信号波形，"触发源选择"开关一般选为"内"触发，使扫描触发信号取自示波器内部的 Y 通道。

（4）触发方式开关通常先置于"自动"调出波形后，若被显示的波形不稳定，可置触发方式开关于"常态"，通过调节"触发电平"旋钮找到合适的触发电压，使被测试的波形稳定地显示在示波器屏幕上。

有时，由于选择了较慢的扫描速率，显示屏上将会出现闪烁的光迹，但被测信号的波形不在 X 轴方向左右移动，这样的现象仍属于稳定显示。

（5）适当调节"扫描速率"开关及"Y 轴灵敏度"开关使屏幕上显示 1 ~ 2 个周期的被测信号波形。在测量幅值时，应注意将"Y 轴灵敏度微调"旋钮置于"校准"位置，即顺时针旋到底，且听到关的声音。在测量周期时，应注意将"X 轴扫速微调"旋钮置于"校准"位置，即顺时针旋到底，且听到关的声音。还要注意"扩展"旋钮的位置。

根据被测波形在屏幕坐标刻度上垂直方向所占的格数（div 或 cm）与"Y 轴灵敏度"开关指示值（V/div）的乘积，即可算得信号幅值的实测值。

根据被测信号波形一个周期在屏幕坐标刻度水平方向所占的格数（div 或 cm）与"扫速"开关指示值（t/div）的乘积，即可算得信号频率的实测值。

2. 函数信号发生器

函数信号发生器按需要输出正弦波、方波、三角波三种信号波形。输出电压最大可达 $20V_{P-P}$。通过输出衰减开关和输出幅度调节旋钮，可使输出电压在毫伏级到伏级范围内连续调节。函数信号发生器的输出信号频率可以通过频率分档开关进行调节。

函数信号发生器作为信号源，它的输出端不允许短路。

3. 交流毫伏表

交流毫伏表只能在其工作频率范围之内，用来测量正弦交流电压的有效值。为了防止过载而损坏，测量前一般先把量程开关置于量程较大位置上，然后在测量中逐档减小量程。

二、实验设备及器件

（1）函数信号发生器。
（2）双踪示波器。
（3）交流毫伏表。

三、实验内容

1. 用机内校正信号对示波器进行自检

（1）扫描基线调节。将示波器的显示方式开关置于"单踪"显示（Y_1 或 Y_2），输入耦合方式开关置"GND"，触发方式开关置于"自动"。开启电源开关后，调节"辉度""聚焦""辅助聚焦"等旋钮，使荧光屏上显示一条细而且亮度适中的扫描基线。然后，调节"X 轴位移"（⇄）和"Y 轴位移"（↕）旋钮，使扫描线位于屏幕中央，并且能上下左右移动自如。

（2）测试"校正信号"波形的幅度、频率。将示波器的"校正信号"通过专用电缆线引入选定的 Y 通道（Y_1 或 Y_2），将 Y 轴输入耦合方式开关置于"AC"或"DC"，触发源选择开关置"内"，内触发源选择开关置"Y_1"或"Y_2"。调节 X 轴"扫描速率"开关（t/div）和 Y 轴"输入灵敏度"开关（V/div），使示波器显示屏上显示出一个或数个周期稳定的方波波形。

1）校准"校正信号"幅度。将"Y 轴灵敏度微调"旋钮置"校准"位置，"Y 轴灵敏度"开关置适当位置，读取校正信号幅度，记入表 4−1。

2）校准"校正信号"频率。将"扫速微调"旋钮置"校准"位置，"扫速"开关置适当位置，读取校正信号周期，记入表 4−1。

3）测量"校正信号"的上升时间和下降时间。调节"Y 轴灵敏度"开关及微调旋钮，并移动波形，使方波波形在垂直方向上正好占据中心轴上，且上、下对称，便于阅读。通过扫速开关逐级提高扫描速度，使波形在 X 轴方向扩展（必要时可以利用"扫速扩展"开关将波形再扩展 10 倍），并同时调节触发电平旋钮，从显示屏上可清楚地读出上升时间和下降时间，记入表 4−1。

表 4−1　机内校正信号的测试

	标 准 值	实 测 值
幅度 U_{p-p}/V		
频率 f/kHz		
上升沿时间/μs		
下降沿时间/μs		

注：不同型号示波器标准值有所不同，请按所使用示波器将标准值填入表格中。

2. 用示波器和交流毫伏表测量信号参数

调节函数信号发生器有关旋钮，使输出频率分别为 0.1kHz，1kHz，10kHz，100kHz，有效值均为 1V（交流毫伏表测量值）的正弦波信号。

改变示波器"扫速"开关及"Y 轴灵敏度"开关等位置，测量信号源输出电压频率及峰值，记入表 4−2。

表 4−2　示波器和交流毫伏表测量数据的比较

信号电压频率 /kHz	示波器测量值		毫伏表读数/V	示波器测量值	
	周期/ms	频率/Hz		峰值/V	有效值/V
0.1					
1					
10					
100					

3. 测量两波形间相位差

（1）观察双踪显示波形"交替"与"断续"两种显示方式的特点。Y_1，Y_2 均不加输入信号，输入耦合方式置"GND"，扫速开关置扫速较低挡位（如 0.5s/div 挡）和扫速较高挡位（如 5μs/div 挡），把显示方式开关分别置"交替"和"断续"位置，观察两条扫描基线的显示特点，记录之。

（2）用双踪显示测量两波形间相位差。

1）按图 4 − 2 连接实验电路，将函数信号发生器的输出电压调至频率为 1kHz，幅值为 2V 的正弦波，经 RC 移相网络获得频率相同但相位不同的两路信号 u_i 和 u_R，分别加到双踪示波器的 Y_1 和 Y_2 输入端。

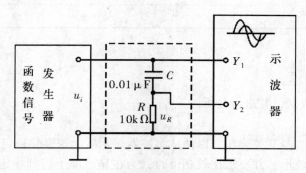

图 4 − 2 两波形间相位差测量电路

为便于稳定波形，比较两波形相位差，应使内触发信号取自被设定信号作为测量基准的一路信号。

2）把显示方式开关置"交替"挡位，将 Y_1 和 Y_2 输入耦合方式开关置"⊥"挡位，调节 Y_1，Y_2 的（↑↓）移位旋钮，使两条扫描基线重合。

3）将 Y_1，Y_2 输入耦合方式开关置"AC"挡位，调节触发电平、扫速开关及 Y_1，Y_2 灵敏度开关位置，使在荧屏上显示出易于观察的两个相位不同的正弦波形 u_i 及 u_R，如图 4 − 3 所示。根据两波形在水平方向的差距 X 以及信号周期 X_T，则可求得两波形相位差。

$$\theta = \frac{X(\mathrm{div})}{X_T(\mathrm{div})} \times 360°$$

式中，X_T——周期所占格数；X——两波形在 X 轴方向差距格数。

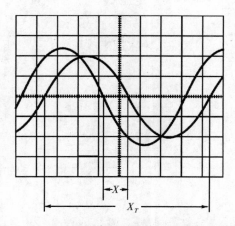

图 4 − 3 双踪示波器显示两相位不同的正弦波

记录两波形相位差于表 4-3。为读数和计算方便，可适当调节扫速开关及微调旋钮，使波形一周期占整数格。

表 4-3　不同相位的两正弦波测量数据

一周期格数	两波形 X 轴差距格数	相 位 差	
		实 测 值	计 算 值
$X_T =$	$X =$	$\theta =$	$\theta =$

四、实验报告

（1）整理实验数据，并进行分析。

（2）问题讨论。

1）如何操纵示波器有关旋钮，以便从示波器显示屏上观察到稳定、清晰的波形？

2）用双踪显示波形，并要求比较相位时，为在显示屏上得到稳定波形，应怎样选择下列开关的位置？

a. 显示方式选择（Y_1，Y_2，$Y_1 + Y_2$，交替，断续）。

b. 触发方式（常态，自动）。

c. 触发源选择（内，外）。

d. 内触发源选择（Y_1，Y_2，交替）。

（3）函数信号发生器有哪几种输出波形？它的输出端能否短接，如用屏蔽线作为输出引线，则屏蔽层一端应该接在哪个接线柱上？

（4）交流毫伏表是用来测量正弦波电压还是非正弦波电压？它的表头指示值是被测信号的什么数值？它是否可以用来测量直流电压的大小？

中　编

基础实验

第 5 章　电路与控制基础实验

本章主要内容包括：直流电路基本分析方法的验证，动态电路响应的分析与测试，正弦稳态交流电路和三相交流电路的测量与研究，二端口网络及三相异步电动机的控制与应用。

5.1　直流电路的基本分析方法

5.1.1　基尔霍夫定律的验证

一、实验目的

（1）验证基尔霍夫定律的正确性，加深对基尔霍夫定律的理解。
（2）进一步熟练使用电流表和电压表进行测量。

二、原理说明

基尔霍夫定律是电路的基本定律。测量某电路的支路电流及多个元件两端的电压，应能分别满足基尔霍夫电流定律和电压定律。即对电路中的任一个节点而言，应有 $\sum I = 0$；对任何一个闭合回路而言，应有 $\sum U = 0$。

运用上述定律时必须注意电流的正方向，此方向可预先任意设定。

三、实验设备及器件

（1）直流稳压电源 +6V，　+12V 切换。
（2）可调直流稳压电源 0～30V。
（3）万用电表、直流数字电压表、直流数字毫安表各 1 台。
（4）基尔霍夫定律实验线路板。

四、实验内容

实验线路如图 5 – 1 所示。

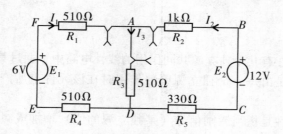

图 5-1 实验线路

（1）实验前先任意设定三条支路的电流参考方向，如图中的 I_1，I_2，I_3 所示。
（2）分别将两路直流稳压电源接入电路，令 $E_1 = 6V$，$E_2 = 12V$。

表 5-1 实验数据

被测量	I_1 /mA	I_2 /mA	I_3 /mA	E_1 /V	E_2 /V	U_{FA} /V	U_{AB} /V	U_{AD} /V	U_{CD} /V	U_{DE} /V
计算值										
测量值										
相对误差										

（3）熟悉电流插头的结构，将电流插头的两端接至直流数字毫安表的"＋"、"－"两端。
（4）将电流插头分别插入三条支路的三个电流插座中，记录电流值。
（5）用直流数字电压表分别测量两路电源及电阻元件上的电压值，记录之。

五、实验报告

（1）根据图 5-1 的电路参数，计算出待测电流 I_1，I_2，I_3 和各电阻上电压值，填入表中，以便实验测量时，可正确选定毫安表和电压表的量程。
（2）实验中，若用万用电表直流毫安档测各支路电流，什么情况下可能出现毫安表指针反偏，如何处理，在记录数据时应注意什么？若用直流数字毫安表进行测量时，则会有什么显示呢？
（3）根据实验数据，选定实验电路中的任一个节点，验证 KCL 的正确性。
（4）根据实验数据，选定实验电路中的任一个闭合回路，验证 KVL 的正确性。
（5）误差原因分析。

5.1.2 叠加原理的验证

一、实验目的

验证线性电路中叠加原理的正确性，加深对线性电路的叠加性和齐次性的认识和理解。

二、原理说明

叠加原理指出：在有几个独立源共同作用的线性电路中，通过某个元件的电流或其两端的电压，可以看成是由每一个独立源单独作用时在该元件上所产生的电流或电压的代数和。

线性电路的齐次性是指当激励信号（某独立源的值）增加或减小 K 倍时，电路的响应（即在电路其他各电阻元件上所建立的电流和电压值）也将增加或减小 K 倍。

三、实验设备及器件

（1）直流稳压电源 +6V， +12V 切换。
（2）可调直流稳压电源 0～30V。
（3）直流数字电压表、直流数字毫安表各 1 只。
（4）叠加原理实验线路板。

四、实验内容

（1）按图 5－2 电路接线，E_1，E_2 为可调直流稳压电源，令 $E_1 = 12V$，$E_2 = 6V$。

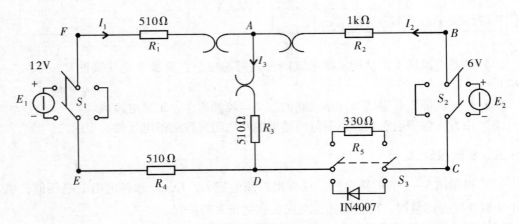

图 5－2　实验线路

（2）令 E_1 电源单独作用时（将开关 S_1 投向 E_1 侧，开关 S_2 投向短路侧），用直流数字电压表和毫安表（接电流插头）测量各支路电流及各电阻元件两端电压，数据记入表 5－2 中。

（3）令 E_2 电源单独作用时（将开关 S_1 投向短路侧，开关 S_2 投向 E_2 侧），重复实验步骤（2）的测量和记录。

（4）令 E_1 和 E_2 共同作用时（开关 S_1 和 S_2 分别投向 E_1 和 E_2 侧），重复上述的测量和记录。

（5）将 E_1 数值调至 +6V，重复上述第（2）项的测量并记录。

（6）将 R_5 换成一只二极管 IN4007（即将开关 S_3 投向二极管 D 侧）重复（1）～（5）的测量过程，数据记入表 5－3 中。

五、实验报告

（1）叠加原理中 E_1，E_2 分别单独作用，在实验中应如何操作？可否直接将不作用的电源（E_1 或 E_2）置零（短接）？

（2）实验电路中，若有一个电阻改为二极管，试问叠加原理的叠加性与齐次性还成立吗？为什么？

（3）根据实验数据验证线性电路的叠加性与齐次性。

（4）各电阻器所消耗的功率能否用叠加原理计算得出？试用上述实验数据进行计算并作结论。

（5）通过实验内容（6）及实验数据分析，你能得出什么样的结论？

表 5-2 线性电路实验数据

测量项目 实验内容	E_1 /V	E_2 /V	I_1 /mA	I_2 /mA	I_3 /mA	U_{AB} /V	U_{CD} /V	U_{AD} /V	U_{CE} /V	U_{FA} /V
E_1 单独作用										
E_2 单独作用										
E_1，E_2 共同作用										
$\frac{1}{2}E_1$ 单独作用										

表 5-3 非线性电路实验数据

测量项目 实验内容	E_1 /V	E_2 /V	I_1 /mA	I_2 /mA	I_3 /mA	U_{AB} /V	U_{CD} /V	U_{AD} /V	U_{CE} /V	U_{FA} /V
E_1 单独作用										
E_2 单独作用										
E_1，E_2 共同作用										
$\frac{1}{2}E_1$ 单独作用										

5.1.3 电源的等效变换

一、实验目的

（1）掌握电源外特性的测试方法。

（2）验证电压源与电流源等效变换的条件。

二、原理说明

（1）直流稳压电源在一定的电流范围内具有很小的内阻，故在实用中常将它视为一个理想的电压源，即其输出电压不随负载电流而变，其外特性 $U = f(I)$ 是一条平行于 I 轴的直线。

恒流源在一定的电压范围内可视为一个理想的电流源，即其输出电流不随负载的改变而变。图5-3（a）为理想电压源、（b）为理想电流源电路图。

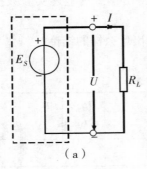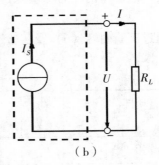

图5-3　理想电压源与理想电流源

（2）实际电压源（或电流源）的端电压（或输出电流）不可能不随负载而变，因为它具有一定的内阻值。因此，在实验中，用一个小阻值的电阻（或大电阻）与理想电压源（或理想电流源）相串联（或并联）来模拟一个实际电压源（或电流源）的情况。根据需要而进行等效变换时，其变换条件如图5-4所示。

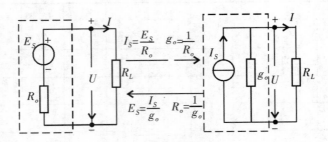

图5-4　电源的等效变换

三、实验设备及器件

（1）直流稳压电源，+6V，12V 切换。

（2）可调直流恒流源，0~200mA。

（3）直流数字电压表1只。

（4）直流数字毫安表1只。

（5）电阻器51Ω，1kΩ，100Ω 各1个。

（6）可调电阻箱 0~99999Ω。

（7）电源等效变换实验线路板。

四、实验内容

1. 测定电压源的外特性

（1）按图 5-5（a）接线，E_S 为 +6V 直流稳压电源，视为理想电压源，R_L 为可调电阻箱，调节 R_L 阻值，记录电压表和电流表读数。

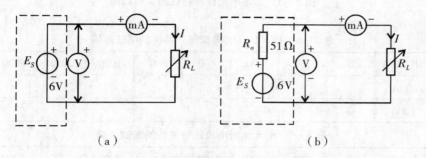

图 5-5　测定电压源外特性的实验线路

（2）按图 5-5（b）接线，虚线框可模拟为一个实际的电压源，调节 R_L 阻值，记录两表读数。

表 5-4　理想电压源的外特性测试数据

R_L/Ω	∞	2000	1500	1000	800	500	300	200
U/V								
I/mA								

表 5-5　实际电压源的外特性测试数据

R_L/Ω	∞	2000	1500	1000	800	500	300	200
U/V								
I/mA								

2. 测定电流源的外特性

按图 5-6 接线，I_S 为直流源，视为理想电流源，调节其输出为 5mA，令 R_o 分别为 1kΩ 和 ∞，调节 R_L 阻值，记录这两种情况下电压表和电流表的读数。

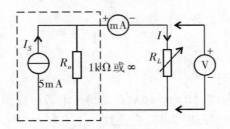

图 5 - 6　测定电流源外特性的实验线路

表 5 - 6　$R_o = 1k\Omega$ 时电流源外特性的测试数据

R_L/Ω	0	200	400	600	800	1000	2000	5000
I/mA								
U/V								

表 5 - 7　$R_o = \infty$ 时电流源外特性的测试数据

R_L/Ω	0	200	400	600	800	1000	2000	5000
I/mA								
U/V								

3.　测定电源等效变换的条件

按图 5 - 7 线路接线，首先读取图 5 - 7（a）线路两表的读数，然后调节图 5 - 7（b）线路中恒流源I_S（取 $R_o' = R_o$），令两表的读数与图 5 - 7（a）的数值相等，记录 I_S 之值，验证等效变换条件的正确性。

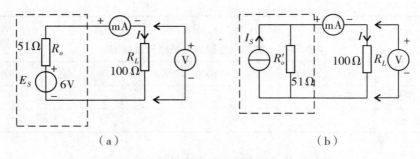

（a）　　　　　　　　　　　　　　　　（b）

图 5 - 7　测定电源等效变换条件的实验线路

五、实验报告

（1）分析理想电压源和电压源（理想电流源和电流源）输出端发生短路（开路）情况时，对电源的影响。

（2）电压源与电流源的外特性为什么呈下降趋势，理想电压源和理想电流源的输出在任何负载下是否保持恒值？

（3）根据实验数据绘出电源的四条外特性，并总结、归纳各类电源的特性。

（4）从实验结果，验证电源等效变换的条件。

5.1.4　戴维南定理和诺顿定理的验证
——有源二端网络等效参数的测定

一、实验目的

（1）验证戴维南定理和诺顿定理的正确性，加深对该定理的理解。

（2）掌握测量有源二端网络等效参数的一般方法。

二、原理说明

（1）任何一个线性含源网络，如果仅研究其中一条支路的电压和电流，则可将电路的其余部分看作是一个有源二端网络（或称为含源一端口网络）。

戴维南定理指出：任何一个线性有源网络，总可以用一个电压源与一个电阻的串联来等效代替，此电压源的电动势 U_s 等于这个有源二端网络的开路电压 U_{OC}，其等效内阻 R_o 等于该网络中所有独立源均置零（理想电压源视为短接，理想电流源视为开路）时的等效电阻。

诺顿定理指出：任何一个线性有源网络，总可以用一个电流源与一个电阻的并联组合来等效代替，此电流源的电流 I_s 等于这个有源二端网络的短路电流 I_{sc}，其等效内阻 R_o 定义同戴维南定理。

U_{OC}，I_{sc} 和 R_o 称为有源二端网络的等效参数。

（2）有源二端网络等效参数的测量方法。

1）开路电压、短路电流法。在有源二端网络输出端开路时，用电压表直接测其输出端的开路电压 U_{OC}，然后再将其输出端短路，用电流表测其短路电流 I_{SC}，则内阻为：

$$R_o = U_{OC}/I_{SC}$$

2）伏安法。用电压表、电流表测出有源二端网络的外特性，如图 5 – 8 所示。根据外特性曲线求出斜率 $\tan\phi$，则内阻为：

$$R_o = \tan\phi = \Delta U/\Delta I = U_{OC}/I_{SC}$$

用伏安法主要是测量开路电压及电流为额定值 I_N 时的输出端电压 U_N，则内阻为：

$$R_o = (U_{OC} - U_N)/I_N$$

若二端网络的内阻值很低时，则不宜测其短路电流。

3）半电压法。如图 5 – 9 所示，当负载电压为被测网络开路电压的一半时，负载电阻（由电阻箱的读数确定）即为被测有源二端网络的等效内阻值。

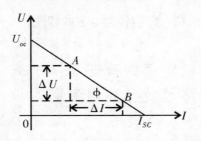

图 5 – 8　有源二端网络的外特性

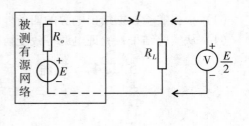

图 5 – 9　半电压法

4）零示法。在测量同内阻有源二端网络的开路电压时，用电压表进行直接测量会造成较大的误差，为了消除电压表内阻的影响，往往采用零示法，如图 5 – 10 所示。

零示法测量原理是用一个低内阻的稳压电源与被测有源二端网络进行比较，当稳压电源的输出电压与有源二端网络的开路电压相等时，电压表的读数将为"0"，然后将电路断开，测量此时稳压电源的输出电压，即为被测有源二端网络的开路电压。

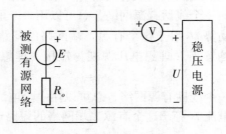

图 5 – 10　零示法

三、实验设备及器件

（1）可调直流稳压电源 0 ~ 30V。

（2）可调直流恒流源 0 ~ 200mA。

（3）直流数字电压表、直流数字毫安表、万用电表各 1 只。

（4）电阻器 1kΩ/1W，1 个。

（5）可调电阻箱 0 ~ 99999Ω。

（6）基尔霍夫定律/叠加原理电路实验线路板。

四、实验内容

根据实验台中"基尔霍夫定律/叠加原理"线路，按实验要求接好实验线路。

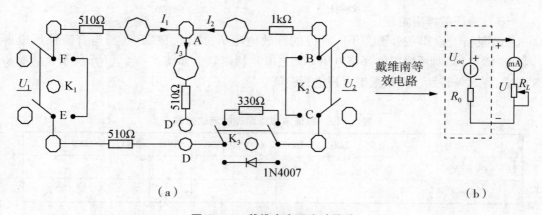

（a） （b）

图 5 – 11　戴维南定理实验线路

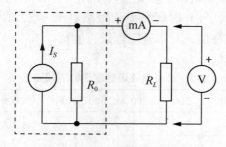

图 5 – 12　诺顿定理验证电路

（1）用开路电压、短路电流法测定戴维南等效电路的 U_{oc} 和 R_0。

在图 5 – 11（a）中，U_1 端接入电压源 Us（正极接 F，负极接 E）。DD' 之间加入 10mA 电流源（电流源正极接 D，负极接 D'），$U2$ 端不接入 R_L。利用开关 $K2$，分别测定 U_{oc} 和 Isc，并计算出 R_o。（测 U_{oc} 时，不接入毫安表。）

表 5 – 8　开路、短路法测试数据

U_{oc}/V	I_{SC}/mA	$R_o = U_{oc}/I_{SC}/\Omega$

（2）负载实验。

按图 5 – 11（a）在 $U2$ 端接入 R_L。改变 R_L 阻值，测量不同端电压下的电流值，记于下表，并据此画出有源二端网络的外特性曲线。

表 5 – 9　有源二端网络的外特性测试数据

R_L/Ω	0	200	400	600	800	1000	2000	5000	∞
U/V									
I/mA									

（3）验证戴维南定理。

从电阻箱上取得按步骤（1）所得的等效电阻 R_o 之值，然后令其与直流稳压电源（调到步骤"1"时所测得的开路电压 Uoc 之值）相串联，如图 5-11（b）所示，仿照步骤"2"测其外特性，对戴维南定理进行验证。

表 5-10 验证戴维南定理的测试数据

R_L/Ω	0	200	400	600	800	1000	2000	5000	∞
U/V									
I/mA									

（4）验证诺顿定理：从电阻箱上取得按步骤"1"所得的等效电阻 R_o 之值，然后令其与直流恒流源（调到步骤（1）时所测得的短路电流 Isc 之值）相并联，如图 5-12 所示，仿照步骤（2）测其外特性，对诺顿定理进行验证。

表 5-11 验证诺顿定理的测试数据

R_L/Ω	0	200	400	600	800	1000	2000	5000	∞
U/V									
I/mA									

（5）有源二端网络等效电阻（又称入端电阻）的直接测量法：将被测有源网络内的所有独立源置零（去掉电流源 I_s 和电压源 U_s，并在原电压源所接的两点用一根短路导线相连），然后用伏安法或者直接用万用表的欧姆档去测定负载 R_L 开路时 B、C 两点间的电阻，此即为被测网络的等效内阻 R_o。

（6）用半电压法和零示法测量被测网络的等效内阻 R_o 及其开路电压 U_{oc}，线路见图 5-9和图 5-10，数据表格自拟。

五、实验报告

（1）在求戴维南等效电路时，做短路实验，测 I_{sc} 的条件是什么？在本实验中可否直接作负载短路实验？请实验前对线路图 5-11（a）预先做好计算，以便调整实验线路及测量时可准确地选取电表的量程。

（2）说明测有源二端网络开路电压及等效内阻的几种方法，并比较其优缺点。

（3）根据步骤（2）和（3），分别绘出曲线，验证戴维南定理的正确性，并分析产生误差的原因。

（4）根据步骤（1）、（4）、（5）各种方法测得的 U_{oc} 和 R_o 与预习时电路计算的结果作比较，你能得出什么结论？

（5）归纳、总结实验结果。

5. 1. 5 受控源 VCVS、VCCS、CCVS、CCCS 的实验研究

一、实验目的

通过测试受控源的外特性及其转移参数，进一步理解受控源的物理概念，加深对受控源的认识和理解。

二、原理说明

（1）电源有独立电源（如电池、发电机等）与非独立电源（或称为受控源）之分。

受控源与独立源的不同点是：独立源的电动势 E_s 或电流 I_s 是某一固定的数值或是时间的某一函数，它不随电路其余部分的状态而变。而受控源的电动势或电流则是随电路中另一支路的电压或电流而变的一种电源。

受控源又与无源元件不同，无源元件两端的电压和它自身的电流有一定的函数关系，而受控源的输出电压或电流则和另一支路（或元件）的电流或电压有某种函数关系。

（2）独立源与无源元件是二端器件，受控源则是四端器件，或称为双口元件。它有一对输入端（U_1、I_1）和一对输出端（U_2、I_2）。输入端可以控制输出端电压或电流的大小。施加于输入端的控制量可以是电压或电流，因而有两种受控电压源（即电压控制电压源 VCVS 和电流控制电压源 CCVS）和两种受控电流源（即电压控制电流源 VCCS 和电流控制电流源 CCCS）。它们的示意图见图 5－13。

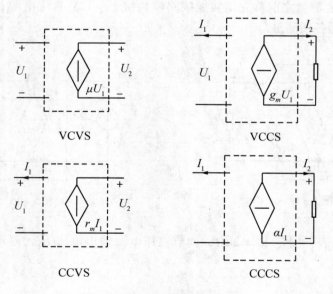

图 5－13 受控源的种类

（3）当受控源的输出电压（或电流）与控制支路的电压（或电流）成正比变化时，则称该受控源是线性的。

理想受控源的控制支路中只有一个独立变量（电压或电流），另一个独立变量等于

零，即从输入口看，理想受控源或者是短路（即输入电阻 $R_1 = 0$，因而 $U_1 = 0$）或者是开路（即输入电导 $G_1 = 0$，因而输入电流 $I_1 = 0$）；从输出口看，理想受控源或是一个理想电压源或者是一个理想电流源。

（4）受控源的控制端与受控端的关系式称为转移函数。

四种受控源的转移函数参量的定义如下：

1）压控电压源（VCVS）：$U_2 = f(U_1)$，$\mu = U_2/U_1$　称为转移电压比（或电压增益）。

2）压控电流源（VCCS）：$I_2 = f(U_1)$，$g_m = I_2/U_1$ 称为转移电导。

3）流控电压源（CCVS）：$U_2 = f(I_1)$，$r_m = U_2/I_1$ 称为转移电阻。

4）流控电流源（CCCS）：$I_2 = f(I_1)$，$\alpha = I_2/I_1$　称为转移电流比（或电流增益）。

三、实验设备

（1）可调直流稳压电源 0～30V。

（2）可调恒流源 0～500mA。

（3）直流数字电压表、直流数字毫安表各 1 台。

（4）可变电阻箱 0～99999Ω。

（5）受控源实验线路模块。

四、实验内容

（1）测量受控源 VCVS 的转移特性 $U_2 = f(U_1)$ 及负载特性 $U_2 = f(I_L)$，实验线路如图 5－14。（注意：测量之前首先给实验线路模块接上 +12V 直流电源和 -12V 直流电源以及地线，再开始各项测量。）

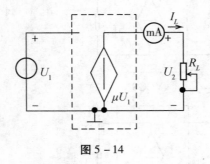　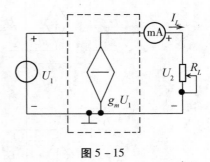

图 5－14　　　　　　　　　　　　　　　　图 5－15

1）不接电流表，固定 $R_L = 2k\Omega$，调节稳压电源输出电压 U_1，测量 U_1 及相应的 U_2 值，记入下表。

U_1/V	0	1	2	3	5	7	8	9	μ
U_2/V									

在方格纸上绘出电压转移特性曲线 $U_2 = f(U_1)$，并在其线性部分求出转移电压比 μ。

2）接入电流表，保持 $U_1 = 2V$，调节 R_L 可变电阻箱的阻值，测 U_2 及 I_L，绘制负载特性曲线 $U_2 = f(I_L)$。

R_L/Ω	50	70	100	200	300	400	500	∞
U_2/V								
I_L/mA								

（2）测量受控源 VCCS 的转移特性 $I_L = f(U_1)$ 及负载特性 $I_L = f(U_2)$，实验线路如图 5-3。

1）固定 $R_L = 2k\Omega$，调节稳压电源的输出电压 U_1，测出相应的 I_L 值，绘制 $I_L = f(U_1)$ 曲线，并由其线性部分求出转移电导 g_m。

U_1/V	0.1	0.5	1.0	2.0	3.0	3.5	3.7	4.0	g_m
I_L/mA									

2）保持 $U_1 = 2V$，令 R_L 从大到小变化，测出相应的 I_L 及 U_2，绘制 $I_L = f(U_2)$ 曲线。

$R_L/k\Omega$	50	20	10	8	7	6	5	4	2	1
I_L/mA										
U_2/V										

（3）测量受控源 CCVS 的转移特性 $U_2 = f(I_1)$ 与负载特性 $U_2 = f(I_L)$，实验线路如图 5-4。

1）固定 $R_L = 2k\Omega$，调节恒流源的输出电流 I_1，按下表所列 I_1 值，测出 U_2，绘制 $U_2 = f(I_1)$ 曲线，并由其线性部分求出转移电阻 r_m。

I_1/mA	0.1	1.0	3.0	5.0	7.0	8.0	9.0	9.5	r_m
U_2/V									

2）保持 $I_1 = 2\text{mA}$，按下表所列 R_L 值，测出 U_2 及 I_L，绘制负载特性曲线 $U_2 = f(I_L)$。

$R_L/\text{k}\Omega$	0.5	1	2	4	6	8	10
U_2/V							
I_L/mA							

（4）测量受控源 CCCS 的转移特性 $I_L = f(I_1)$ 及负载特性 $I_L = f(U_2)$，实验线路如图 5-5。

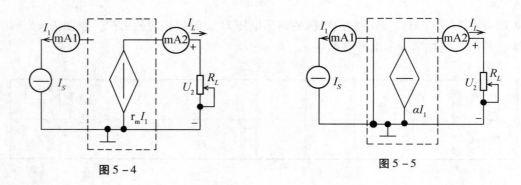

图 5-4　　　　　　　　　　　　　　图 5-5

1）固定 $R_L = 2\text{k}\Omega$，调节恒流源的输出电流 I_1，按下表所列 I_1 值，测出 I_L，绘制 $I_L = f(I_1)$ 曲线，并由其线性部分求出转移电流比 α。

I_1/mA	0.1	0.2	0.5	1	1.5	2	2.2	α
I_L/mA								

2）保持 $I_1 = 1\text{mA}$，令 R_L 为下表所列值，测出 I_L，绘制 $I_L = f(U_2)$ 曲线。

$R_L/\text{k}\Omega$	0	0.1	0.5	1	2	5	10	20	30	80
I_L/mA										
U_2/V										

五、实验报告

（1）受控源和独立源相比有何异同点？比较四种受控源的代号、电路模型、控制量与被控量的关系如何？

（2）四种受控源中的 r_m、g_m、α 和 μ 的意义是什么？如何测得？

（3）若受控源控制量的极性反向，试问其输出极性是否发生变化？

（4）受控源的控制特性是否适合于交流信号？

（5）如何由两个基本的 CCVS 和 VCCS 获得其他两个 CCCS 和 VCVS，它们的输入输出如何连接？

（6）根据实验数据，在方格纸上分别绘出四种受控源的转移特性和负载特性曲线，并求出相应的转移参量。

（7）对实验的结果作出合理的分析和结论，总结对四种受控源的认识和理解。

（8）心得体会及其他。

5.2　动态电路的分析

5.2.1　RC 一阶电路的响应

一、实验目的

（1）测定 RC 一阶电路的零输入响应、零状态响应及完全响应。

（2）学习电路时间常数的测定方法，掌握有关微分电路和积分电路的概念。

（3）进一步学会用示波器测绘图形。

二、原理说明

（1）动态电路的过渡过程是十分短暂的单次变化过程，对时间常数 τ 较大的电路，可用慢扫描长余辉示波器观察光点移动的轨迹。要使用一般的双踪示波器观察过渡过程和测量有关的参数，必须使这种单次变化的过程重复出现。为此，可以利用信号发生器输出的方波来模拟阶跃激励信号，即令方波输出的上升沿作为零状态响应的正阶跃激励信号；方波下降沿作为零输入响应的负阶跃激励信号，只要选择方波的重复周期远大于电路的时间常数 τ，电路在这样的方波序列脉冲信号的激励下，它的影响和直流电源接通与断开的过渡过程是基本相同的。

（2）RC 一阶电路的零输入响应和零状态响应分别按指数规律衰减和增长，其变化的快慢决定于电路的时间常数 τ。

（3）时间常数 τ 的测定方法。

由图 5 - 12(a) 所示电路,用示波器测得零输入响应的波形如图 5 - 12(b) 所示。

根据一阶微分方程的求解得知：

$$u_C = Ee^{-t/RC} = Ee^{-t/\tau}$$

当 $t = \tau$ 时， $u_c(\tau) = 0.368E$ ，此时所对应的时间就等于 τ 。

亦可用零状态响应波形增长到 $0.632E$ 所对应的时间测得，如图 5 - 12(c) 所示 。

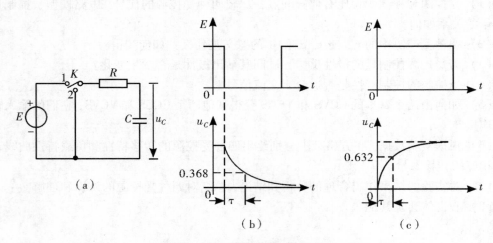

图 5 - 12　时间常数 τ 的测定

（4）微分电路和积分电路是 RC 一阶电路中较典型的电路，它对电路元件参数和输入信号的周期有着特定的要求。一个简单的 RC 串联电路，在方波序列脉冲的重复激励下，当满足 $\tau = RC \ll \dfrac{T}{2}$ 时（ T 为方波脉冲的重复周期），且由 R 两端作为响应输出，如图 5 - 13(a) 所示 。这就构成了一个微分电路，因为此时电路的输出信号电压与输入信号电压的微分成正比。

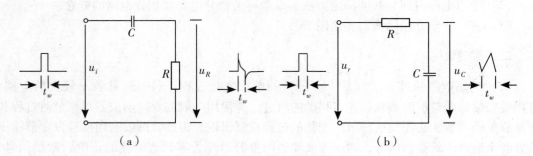

图 5 - 13　微分电路和积分电路

若将图 5 - 13（a）中的 R 与 C 位置调换一下，即由 C 端作为响应输出，且当电路参数的选择满足 $\tau = RC \gg \dfrac{T}{2}$ 条件时，如图 5 - 13（b）所示即构成积分电路。因为此时电路的输出信号电压与输入信号电压的积分成正比。

从输出波形来看，上述两个电路均起着波形变换的作用，请在实验过程中仔细观察与记录。

三、实验设备及器件

（1）函数信号发生器。
（2）双踪示波器。
（3）一阶、二阶实验线路板。

四、实验内容

实验线路板的结构如图 5 – 14 所示，认清 R，C 元件的布局及其标称值，各开关的通断位置等等。

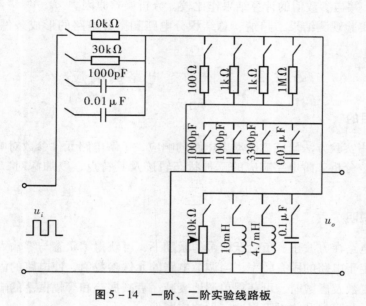

图 5 – 14　一阶、二阶实验线路板

（1）选择动态线路板上 R，C 元件，令

1）$R = 10\text{k}\Omega$，$C = 3300\text{pF}$，组成如图 5 – 12（a）所示的 RC 充放电电路，E 为函数信号发生器输出，取 $U_m = 3\text{V}$，$f = 1\text{kHz}$ 的方波电压信号，并通过两根同轴电缆线，将激励源 u 和响应 u_C 的信号分别连至示波器的两个输入口 Y_A 和 Y_B，这时可在示波器的屏幕上观察到激励与响应的变化规律，求测时间常数 τ，并描绘 u 及 u_C 波形。少量改变电容值或电阻值，定性观察对响应的影响，记录观察到的现象。

2）令 $R = 10\text{k}\Omega$，$C = 0.01\mu\text{F}$，观察并描绘响应波形，继续增大 C 之值，定性观察对响应的影响。

（2）选择动态板上 R，C 元件，组成如图 5 – 13（a）所示微分电路，令 $C = 0.01\mu\text{F}$，$R = 1\text{k}\Omega$。

在同样的方波激励信号（$U_m = 3\text{V}$，$f = 1\text{kHz}$）作用下，观测并描绘激励与响应的波形。

增减 R 之值，定性观察对响应的影响，并作记录，当 R 增至 $1\text{M}\Omega$ 时，输入输出波形有何本质上的区别？

五、实验报告

（1）什么样的电信号可作为 RC 一阶电路零输入响应、零状态响应和完全响应的激励信号？

（2）已知 RC 一阶电路 $R = 10\text{k}\Omega$，$C = 0.1\mu\text{F}$，试计算时间常数 τ，并根据 τ 值的物理意义，拟定测量 τ 的方案。

（3）何谓积分电路和微分电路，它们必须具备什么条件？它们在方波序列脉冲的激励下，其输出信号波形的变化规律如何？这两种电路有何功用？

（4）根据实验观测结果，在方格纸上绘出 RC 一阶电路充放电时 u_C 的变化曲线，由曲线测得 τ 值，并与参数值的计算结果作比较，分析误差原因。

（5）根据实验观测结果，归纳、总结积分电路和微分电路的形成条件，阐明波形变换的特征。

5.2.2 二阶动态电路的响应

一、实验目的

（1）学习用实验方法研究二阶动态电路的响应，了解电路元件参数对响应的影响。

（2）观察、分析二阶电路响应的三种状态轨迹及其特点，以加深对二阶电路响应的认识与理解。

二、原理说明

一个二阶电路在方波正、负阶跃信号的激励下，可获得零状态与零输入响应，其响应的变化轨迹决定于电路的固有频率，当调节电路的元件参数值，使电路的固有频率分别为负实数、共轭复数及虚数时，可获得单调地衰减、衰减振荡和等幅振荡的响应。在实验中可获得过阻尼、欠阻尼和临界阻尼这三种响应图形。

简单而典型的二阶电路是一个 RLC 串联电路和 RCL 并联电路，这二者之间存在着对偶关系。本实验仅对 RCL 并联电路进行研究。

三、实验设备及器件

（1）函数信号发生器。

（2）双踪示波器。

（3）实验元件箱 DDZ – 11。

（4）10k 可变电阻箱器 DDZ – 12。

四、实验内容

利用动态线路板中的元件与开关的配合作用，组成如图 5 – 15 所示的 RCL 并联电路。令 $R_1 = 10\text{k}\Omega$，$L = 4.7\text{mH}$，$C = 1000\text{pF}$，R_2 为 $10\text{k}\Omega$ 可调电阻器。

令函数信号发生器的输出为 $U_m = 3\text{V}$，$f = 1\text{kHz}$ 的方波脉冲信号，通过同轴电缆接至图 5 – 15 的激励端，同时用同轴电缆线将激励端和响应输出端接至双踪示波器的 Y_A 和 Y_B

两个输入口。

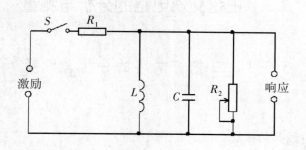

图 5 – 15　RCL 并联电路

表 5 – 11　实验测试数据

电路参数　实验次数	元件参数				测量值	
	R_1	R_2	L	C	α	ω
1	10kΩ	欠阻尼态 调至某一	4.7mH	1000pF		
2	10kΩ		4.7mH	0.01μF		
3	30kΩ		4.7mH	0.01μF		
4	10kΩ		10mH	0.01μF		

（1）调节可变电阻器 R_2 之值，观察二阶电路的零输入响应和零状态响应由过阻尼过渡到临界阻尼，最后过渡到欠阻尼的变化过渡过程，分别定性地描绘、记录响应的典型变化波形。

（2）调节 R_2 使示波器荧光屏上呈现稳定的欠阻尼响应波形，定量测定此时电路的衰减常数 α 和振荡频率 ω_d。

（3）改变一组电路参数，如增、减 L 或 C 之值，重复步骤（2）的测量，并作记录。

五、实验报告

（1）根据二阶电路实验线路元件的参数，计算出处于临界阻尼状态的 R_2 之值。

（2）在示波器荧光屏上，如何测得二阶电路零输入响应欠阻尼状态的衰减常数 α 和振荡频率 ω_d？

（3）根据观测结果，在方格纸上描绘二阶电路过阻尼、临界阻尼和欠阻尼的响应波形。

（4）测算欠阻尼振荡曲线上的 α 与 ω_d。

（5）归纳、总结电路元件参数的改变，对响应变化趋势的影响。

5.3 正弦交流电路的分析与测量

5.3.1 日光灯电路的分析与测量

一、实验目的

（1）掌握日光灯线路的接线。
（2）理解改善电路功率因数的意义，掌握改善电路功率因数的方法。

二、原理说明

（1）本次实验所用的负载是日光灯。整个实验电路是由灯管、镇流器和启辉器组成。如图5－16所示。镇流器是一个铁芯线圈，因此日光灯是一个感性负载，功率因数较低，我们用并联电容的方法可以提高整个电路的功率因数。其电路如图5－17所示。选取适当的电容值使容性电流等于感性的无功电流，从而使整个电路的总电流减小，电路的功率因数将会接近于1。

功率因数提高后，能使电源容易得到充分利用，还可以降低线路的损耗，从而提高传输效率。

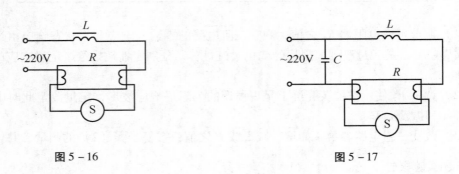

图5－16　　　　　　　　　　　　　　图5－17

（2）日光灯的组成及工作原理。
组成：灯管、启辉器、镇流器。
工作原理：日光灯管内壁上涂有荧光物质，管内抽成真空，并允许有少量的水银蒸汽，灯管的两端各有一个灯丝串联在电路中，灯管的起辉电压在400～500V之间，起辉后管降压约为110V左右（40W日光灯的管压降），所以日光灯不能直接在220V的电压上使用。启辉器相当于一个自动开关，它有两个电极靠的很近，其中一个电极是双金属片制成，使用电源时，两电极之间会产生放电，双金属片电极热膨胀后，使两电极接通，此时灯丝也被通电加热。当两电极接电极接通后，两电极放电现象消失，双金属片因降温后而收缩，使两极分开。在两极断的瞬间镇流器将产生很高的自感电压，该自感电压和电源电压一起加到灯管两端，产生紫外线，从而涂在管壁上的荧光粉发出可见的光。当灯管起辉后，镇流器又起着降压限流的作用。

三、实验设备及器件

（1）交流电压表 0～500V。

（2）交流电流表 0～5A。

（3）功率表 DDZ－26。

（4）可调交流电源。

（5）镇流器、启辉器 DDZ－13。

（6）日光灯灯管 30W。

（7）电容器 1μF、2.2μF、4.7μF 各 1 个，DDZ－13。

（8）电流插座 3 个。

四、实验内容

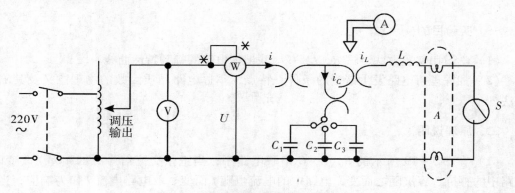

图 5－18 日光灯及改善功率因数电路

（1）按图 5－18 接完线，请老师检查后，方可通电实验。

（2）接通电源，断开电容，用功率表测量此时的 P、COSΦ，并用交流电压表测量 U 值，用交流电流表测量工 I 值，记入表中。

（3）接通电容，逐渐增大电容分别为 1、2.2、4.7μF 时，分别用功率表测量 P、COSΦ 值，并用交流电压表测量 U 值，用交流电流表测量 I 以及电容电流 I_c、电感电流 I_L。

表　日光灯电路及改善功率因数的测量数据

电容值	测 量 数 值					计 算 值
（μF）	P/W	COSΦ	U/V	I/A	I_L/A	I_c/A	COSΦ
0						
1						
2.2						
4.7						

五、实验报告

（1）在日常生活中，当日光灯上缺少了启辉器时，人们常用一根导线将启辉器的两端短接一下，然后迅速断开，使日光灯点亮；或用一只启辉器去点亮多只同类型的日光灯，这是为什么？

（2）为了提高电路的功率因数，常在感性负载上并联电容器，此时增加了一条电流支路，试问电路的总电流是增大还是减小，此时感性元件上的电流和功率是否改变？

（3）提高电路功率因数为什么只采用并联电容器法，而不用串联法？所并的电容器是否越大越好？

（4）完成数据表格中的计算，进行必要的误差分析。

（5）讨论改善电路功率因数的意义和方法。

5.3.2　RLC 串联谐振电路的分析与测量

一、实验目的

（1）学习用实验方法测试 R，L，C 串联谐振电路的幅频特性曲线。

（2）加深理解电路发生谐振的条件、特点，掌握电路品质因数的物理意义及其测定方法。

二、原理说明

（1）在图 5-19 所示的 R，L，C 串联电路中，当正弦交流信号源的频率 f 改变时，电路中的感抗、容抗随之而变，电路中的电流也随 f 而变。取电路电流 I 作为响应，当输入电压 U_i 维持不变时，在不同信号频率的激励下，测出电阻 R 两端电压 U_o 之值，则 $I = \dfrac{U_o}{R}$。然后以 f 为横坐标，以 I 为纵坐标，绘出光滑的曲线，此即为幅频特性，亦称电流谐振曲线，如图 5-20 所示。

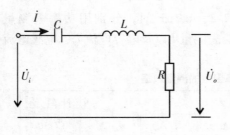

图 5-19　RLC 串联电路

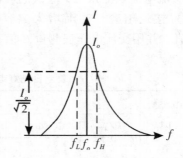

图 5-20　电流谐振曲线

（2）在 $f = f_0 = \dfrac{1}{2\pi\sqrt{LC}}$ 处（$X_L = X_C$），即幅频特性曲线尖峰所在的频率点，该频率称为谐振频率，此时电路呈纯阻性，电路阻抗的值为最小，在输入电压 U_i 为定值时，电路中的电流 I_o 达到最大值，且与输入电压 U_i 同相位，从理论上讲，此时 $U_i = U_{Ro} = U_o$，$U_{Lo} = U_{Co} = QU_i$，式中的 Q 称为电路的品质因数。

（3）电路品质因数 Q 值的两种测量方法。

一是根据公式 $Q = \dfrac{U_{Lo}}{U_i} = \dfrac{U_{Co}}{U_i}$，测定 U_{Co} 与 U_{Lo} 分别为谐振时电容器 C 和电感线圈 L 上的电压；另一方法是通过测量谐振曲线的通频带宽度 $\Delta f = f_H - f_L$，再根据 $Q = \dfrac{f_Q}{f_H - f_L}$，求出 Q 值，式中 f_o 为谐振频率，f_H 和 f_L 是失谐时，幅度下降到最大值的 $\dfrac{1}{\sqrt{2}}$（0.707）倍时的上、下限频率点。

Q 值越大，曲线越尖锐，通频带越窄，电路的选择性越好，在恒压源供电时，电路的品质因数、选择性与通频带只决定于电路本身的参数，而与信号源无关。

三、实验设备及器件

（1）函数信号发生器 1 台。

（2）交流毫伏表 1 台。

（3）双踪示波器 1 台。

（4）频率计 1 台。

（5）谐振电路实验线路板，$R = 200\Omega$，$1k\Omega$，$C = 0.01\mu F$，$0.1\mu F$，$L \approx 30mH$ 各 1 只，DDZ – 11。

四、实验内容

（1）按图 5 – 21 电路接线，取 $R = 200\Omega$，$C = 0.01\mu F$，调节信号源输出电压为 1V 的正弦信号，并在整个实验过程中保持不变。

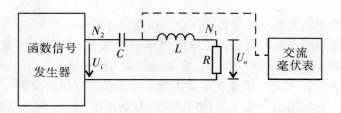

图 5 – 21　实验线路

（2）找出电路的谐振频率 f_o，其方法是将交流毫伏表跨接在电阻 R 两端，令信号源的频率由小逐渐变大（注意要维持信号源的输出幅度不变）。当 U_o 的读数最大时，读取频率计上的频率值即为电路的谐振频率 f_o，并测量 U_o，U_{Lo}，U_{Co} 之值（注意及时更换毫伏表的量限），记入表 5 – 14 中。

表 5 - 14　　电路谐振时的测量数据

$R/\text{k}\Omega$	f_o/kHz	U_o/V	U_{Lo}/V	U_{Co}/V	I_o/mA	Q
0.5						
1.5						

（3）在谐振点两侧，应先测出下限频率 f_L 和上限频率 f_H 及相对应的 U_o 值，然后再逐点测出不同频率下 U_o 值，记入表 5 - 15 中。

（4）取 $R = 1\text{k}\Omega$，重复步骤（2）、（3）的测量过程。

表 5 - 15　　下限频率 f_L 和上限频率 f_H 处的测量数据

$R/\text{k}\Omega$		f
0.2	f/kHz	
	U_o/V	
	I/mA	
1	f/kHz	
	U_o/V	
	I/mA	

（5）取 $C = 0.1\mu\text{F}$，$R = 200\Omega$ 及 $C = 0.1\mu\text{F}$，$R = 1\text{k}\Omega$，重复（2）、（3）两步测量过程。

五、实验报告

（1）根据实验电路板给出的元件参数值，估算电路的谐振频率。

（2）改变电路的哪些参数可以使电路发生谐振，电路中 R 的数值是否影响谐振频率值？

（3）如何判别电路是否发生谐振？测试谐振点的方案有哪些？

（4）电路发生串联谐振时，为什么输入电压不能太大，如果信号源给出 1V 的电压，电路谐振时，用交流毫伏表测 U_L 和 U_C，应该选择多大的量限？

（5）要提高 R，L，C 串联电路的品质因数，电路参数应如何改变？

（6）谐振时，比较输出电压 U_o 与输入电压 U_i 是否相等？试分析原因。

（7）谐振时，对应的 U_{Co} 与 U_{Lo} 是否相等？如有差异，原因何在？

（8）根据测量数据，绘出不同 Q 值时两条幅频特性曲线。

（9）计算出通频带与 Q 值，说明不同 R 值时对电路通频带与品质因数的影响。

（10）对两种不同的 Q 值测量方法进行比较，分析误差原因。

5.3.3　三相负载的星形连接

一、实验目的

（1）熟悉三相负载作星形连接的方法。
（2）学习和验证三相负载对称与不对称电路中，相电压、线电压之间的关系。
（3）了解三相四线制中中线的作用。

二、原理说明

三相负载作星形连接时，如图 5 – 22 所示。当三相负载对称或不对称的星形连接有中线时，线电压与相电压均对称，且 $U_{线} = \sqrt{3} U_{相}$，而且 $U_{线}$ 超前 $U_{相}$ 30°。

当三相负载不对称又无中线连接时，此时将出现三相电压不平衡、不对称的现象，导致三相负载不能正常工作，为此必须有中线连接，才能保证三相负载正常工作。

从上述理论中，考虑到三相负载对称与不对称连接又无中线时某相电压升高，影响负载的使用时间，同时考虑到实验的安全，故将两个负载串联起来做实验。

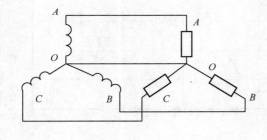

图 5 – 22　星形连接

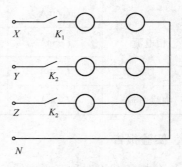

图 5 – 23　实验电路

三、实验设备及器件

（1）交流电压表 0～500V。
（2）交流电流表 0～5A。
（3）万用表。
（4）三相交流电源。
（5）三相灯组负载 22V，25W 白炽灯，DD2 – 14。
（6）电流插座 3 个。

四、实验内容

按照图 5 – 23 连接好实验电路，再将实验台的三相电源 U、V、W、N 对应接到负载箱上用交流电压表和电流表进行下列情况的测量，并将数据记入表内。

1. 负载对称有中线，将三相负载箱上的开关全部打到接通位置。

2. 负载对称无中线，即断开中线。

3. 负载不对称有中线，将 A 相的 kl 开关断开。

4. 负载不对称无中线。

表 5 - 16 三相负载的星形连接测试数据

负载接法 \ 测量数据		对称负载		不对称负载	
		有中线	无中线	有中线	无中线
相电压	U_A/V				
	U_B/V				
	U_C/V				
线电压	U_{AB}/V				
	U_{BC}/V				
	U_{CA}/V				
相电流	I_A/mA				
	I_B/mA				
	I_C/mA				
中线电流	I_o/mA				

五、实验报告

（1）分析负载不对称又无中线连接时的数据。

（2）根据测量数据，分析三相负载对称与不对称电路中，相电压、线电压之间的关系。

（3）中线有何作用？

（4）心得体会及其他。

5.3.4 三相负载的三角形连接

一、实验目的

（1）熟悉三相负载作三角形连接的方法。

（2）验证负载作三角形连接时，对称与不对称的线电流与相电流之间的关系。

二、原理说明

（1）三相负载的三角形连接如图 5 - 24 所示。

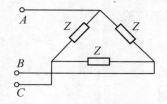

图 5 – 24 三角形连接图

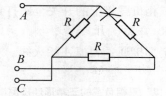

图 5 – 25 相负载断路图

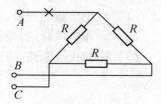

图 5 – 26 条火线断路

1）当三相负载对称连接时，其线电流、相电流之间的关系为 $I_{线} = \sqrt{3} I_{相}$，且相电流超前线电流30°。

2）当三相负载不对称作三角形连接时，将导致两相的线电流、一相的相电流发生变化。此时，$I_{线}$ 与 $I_{相}$ 无 $\sqrt{3}$ 的关系。

（2）三角形连接时，一相负载断路时，如图 5 – 25 所示。此时只影响故障相不能正常工作，其余两相仍能正常工作。

（3）当三角形连接时，一条火线断线时，如图 5 – 26 所示。此时故障两相负载电压小于正常电压，而 BC 相仍能够正常工作。

三、实验设备及器件

（1）交流电压表 0 ~ 500V。

（2）交流电流表 0 ~ 5A。

（3）万用表。

（4）三相交流电源。

（5）三相灯组负载220V，25W 白炽灯，DDZ – 14。

（6）电流插座 3 个。

四、实验内容

按图 5 – 27 连接好实验电路，再将实验台的三相电源 U、V、W、N 对应接到负载箱上。用交流电压表和电流表进行下列情况的测量，并将数据记入表内。

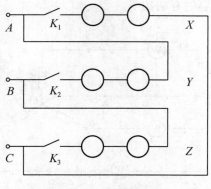

图 5 – 27 实验电路

（1）对称负载的测量，将三相负载箱上的开关全部打到接通位置。

（2）一相负载断路，断开 K_1 开关。

（3）一相火线断路，开关全部接通，去掉 A 相火线。

表 5 – 17　三相负载的三角形连接测试数据

负载接法 测量数据	线电流			相电流			线电压		
	I_A/mA	I_B/mA	I_C/mA	I_{AB}/mA	I_{BC}/mA	I_{CA}/mA	U_{AB}/V	U_{BC}/V	U_{CA}/V
负载对称									
一相负载断路									
一相火线断路									

五、实验报告

（1）分析负载对称和负载不对称时的数据有什么区别。

（2）根据测量数据，分析三相负载对称与不对称电路中，相电压、线电压之间的关系。

（3）心得体会及其他。

5.3.5　三相电路功率的测量

一、实验目的

（1）掌握用一瓦特表法测量三相电路功率的方法。

（2）进一步熟练掌握功率表的接线和使用方法。

二、原理说明

对于三相四线制供电的三相星形联接的负载（即 Y_0，接法），可用一只功率表测量各相的有功功率 P_A，P_B，P_C，则三相功率之和（$\sum P = P_A + P_B + P_C$）即为三相负载的总有功功率值，这就是一瓦特表法，如图 5 – 28 所示。若三相负载是对称的，则只需测量一相的功率，再乘以 3 即得三相总的有功功率。

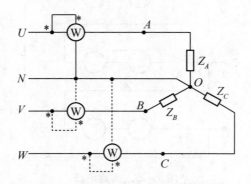

图5 – 28　三相星型连接的一瓦特表测量法

三、实验设备及器件

（1）交流电压表 0~500V。
（2）交流电流表 0~5A。
（3）单相功率表 DDZ-26。
（4）万用表。
（5）三相交流电源。
（6）三相灯组负载 220V，25W 白炽灯，DDZ-14。
（7）电容 1μF、2.2μF、4.7μF 若干，DDZ-13。

四、实验内容

（1）用一瓦特表法测定三相对称 Y_o 接负载以及不对称 Y_o 接负载的总功率 $\sum P$。实验按图 5-29 线路接线。线路中的电流表和电压表用以监视该相的电流和电压，不要超过功率表电压和电流的量程。

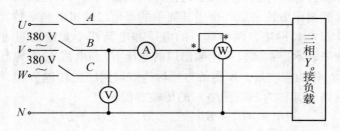

图 5-29　一瓦特表法实验电路

经指导教师检查后，接通三相电源，按表 5-18 的要求进行测量及计算。

表 5-18　一瓦特法测量功率数据

负载情况	开灯盏数			测量数据			计算值
	A 相	B 相	C 相	P_A/W	P_B/W	P_C/W	$\sum P/W$
Y_o 接对称负载	2	2	2				
Y_o 接不对称负载	1	2	2				

首先将功率表按图 5-29 接入 B 相进行测量，然后分别将三只表换接到 A 相和 C 相，再进行测量。

五、实验报告

（1）复习一瓦特表法测量三相对称负载功率的原理。
（2）测量功率时为什么在线路中通常都接有电流表和电压表？

（3）总结、分析三相电路功率测量的方法与结果。

（4）心得体会及其他。

5.4　二端口网络

5.4.1　二端口网络测试

一、实验目的

（1）加深理解二端口网络的基本理论。

（2）掌握直流二端口网络传输参数的测量技术。

二、原理说明

对于任何一个线性网络，我们所关心的往往只是输入端口和输出端口电压和电流间的相互关系，通过实验测定方法求取一个极其简单的等值二端口电路来替代网络。

（1）对于一个二端口网络，两个端口的电压和电流四个变量之间的关系，可以用多种形式的参数方程来表示。本实验采用输出口的电压 U_2 和电流 I_2 作为自变量，以输入口的电压 U_1 和电流 I_1 作为应变量，所得的方程称为双口网络的传输方程，如图 5－30 所示的无源线性双口网络（又称为四端网络）的传输方程为：

$$U_1 = AU_2 + BI_2, \qquad I_1 = CU_2 + DI_2$$

图 5－30　无源线性二端口网络

式中，A，B，C，D 为双口网络的传输参数，其值完全决定于网络的拓扑结构及各支路元件的参数值，这四个参数表征了该双口网络的基本特性，它们的含义是：

$A = \dfrac{U_{10}}{U_{20}}$（令 $I_2 = 0$，即输出口开路时），$B = \dfrac{U_{1S}}{U_{2S}}$（令 $U_2 = 0$，即输出口短路时）

$C = \dfrac{I_{10}}{U_{20}}$（令 $I_2 = 0$，即输出口开路时），$D = \dfrac{I_{1S}}{I_{2S}}$（令 $U_2 = 0$，即输出口短路时）

由上可知，只要在网络的输入口加上电压，在两个端口同时测量其电压和电流，即可求出 A，B，C，D 四个参数，此即为双端口同时测量法。

（2）若要测量一条远距离电线构成的双口网络，采用同时测量法就很不方便，这时可采用分别测量方法，即先在输入口加电压，而将输出口开路和短路，在输入口测量电压和电流，由传输方程可得：

$$R_{10} = \frac{U_{10}}{I_{10}} = \frac{A}{C}（令 I_2 = 0，即输出口开路时）$$

$$R_{1S} = \frac{U_{1S}}{I_{1S}} = \frac{B}{D}（令 U_2 = 0，即输出口短路时）$$

然后，在输出口加电压测量，而将输入口开路和短路，此时可得：

$$R_{20} = \frac{U_{20}}{I_{20}} = \frac{D}{C}（令 I_1 = 0，即输入口开路时）$$

$$R_{2S} = \frac{U_{2S}}{I_{2S}} = \frac{B}{A}（令 U_1 = 0，即输入口短路时）$$

R_{10}，R_{1S}，R_{20}，R_{2S}分别表示一个端口开路和短路时另一端口的等效输入电阻，这四个参数中有三个是独立的（因为$\frac{R_{10}}{R_{20}} = \frac{R_{1S}}{R_{2S}} = \frac{A}{D}$），即：$AD - BC = 1$。

至此，可求出四个传输参数：

$$A = \sqrt{R_{10}/(R_{20} - R_{2S})}，B = R_{2S}A，C = A/R_{10}，D = R_{20}C$$

（3）双口网络级联后的等效双口网络的传输参数亦可采用前述的方法之一求得。从理论推得两双口网络级联后的传输参数与每一个参加级联的双口网络的传输参数之间的关系：

$$A = A_1A_2 + B_1C_2，\qquad B = A_1B_2 + B_1D_2$$
$$C = C_1A_2 + D_1C_2，\qquad D = C_1B_2 + D_1D_2$$

三、实验设备及器件

（1）可调直流稳压电源 0 ~ 30V。
（2）直流数字电压表。
（3）直流数字毫安表。
（4）双口网络实验线路板。

四、实验内容

双口网络实验线路如图 5 - 31 所示。将直流稳压电源输出电压调至 10V，作为双口网络的输入。

（1）按同时测量法分别测定两个双口网络的传输参数 A_1，B_1，C_1，D_1 和 A_2，B_2，C_2，D_2，并列出它们的传输方程。

（2）将两个二端口网络级联后，用两端口分别测量法测量级联后等效双口网络的传输参数 A，B，C，D，并验证等效双口网络传输参数与级联的两个双口网络传输参数之间的关系。

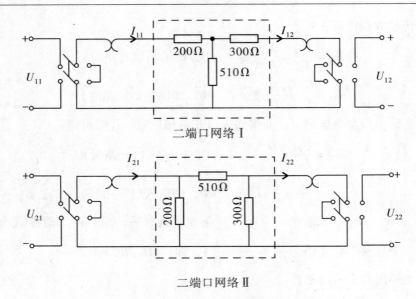

二端口网络 I

二端口网络 II

图 5 – 31   二端口网络实验线路

表 5 – 19   二端口网络 I 测量数据

双口网络 I	输出端开路 $I_{12}=0$	测　量　值			计　算　值	
		U_{110}/V	U_{120}/V	I_{110}/mA	A_1	B_1
	输出端短路 $U_{12}=0$	U_{11S}/V	I_{11S}/mA	I_{12S}/mA	C_1	D_1

表 5 – 20   二端口网络 II 测量数据

双口网络 II	输出端开路 $I_{22}=0$	测　量　值			计　算　值	
		U_{210}/V	U_{220}/V	I_{210}/mA	A_2	B_2
	输出端短路 $U_{22}=0$	U_{21S}/V	I_{21S}/mA	I_{22S}/mA	C_2	D_2

表 5 – 21   级联二端口网络传输参数的测量数据

输出端开路 $I_2=0$			输出端短路 $U_2=0$			计算传输参数
U_{10}/V	I_{10}/mA	$R_{10}/k\Omega$	U_{1S}/V	I_{1S}/mA	$R_{1S}/k\Omega$	
输入端开路 $I_1=0$			输入端短路 $U_1=0$			$A=$
U_{20}/V	I_{20}/mA	$R_{20}/k\Omega$	U_{2S}/V	I_{2S}/mA	$R_{2S}/k\Omega$	$B=$
						$C=$
						$D=$

五、实验报告

（1）试述双口网络同时测量法与分别测量法的测量步骤、优缺点及其适用情况。

（2）本实验方法可否用于交流双口网络的测定？

（3）完成对数据表格的测量和计算任务。

（4）列写参数方程。

（5）验证级联后等效双口网络的传输参数与级联的两个双口网络传输参数之间的关系。

（6）总结、归纳双口网络的测试技术。

5.4.2　负阻抗变换器及其应用

一、实验目的

（1）了解负阻抗变换器的组成原理，学习测试负阻抗变换器的特性。

（2）进一步研究二阶 RLC 电路的动态响应，扩展负阻抗变换器的应用。

二、原理说明

（1）用运算放大器组成电流倒置型负阻抗变换器的原理。

图 5 - 32（a）虚线框所示的电路是一个用运算放大器组成的电流倒置型负阻抗变换器，图 5 - 32（b）、（c）为其等效电路及电路符号。

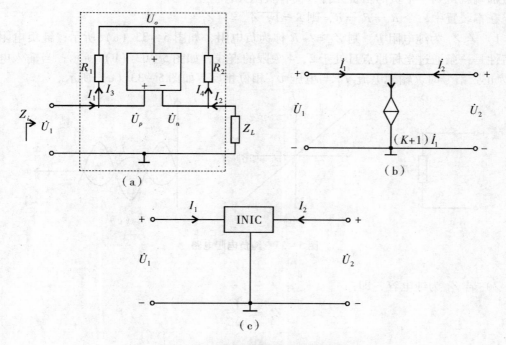

图 5 - 32　电流倒置型负阻抗变换器

由于运算放大器"＋"端和"－"端之间为虚短路，且运放的输出阻抗为无穷大，故有：

$$\dot{U}_P = \dot{U}_N \qquad 即\ \dot{U}_1 = \dot{U}_2$$

而运算放大器的输出电压为：

$$\dot{U}_o = \dot{U}_1 - \dot{I}_3 R_1 = \dot{U}_2 - \dot{I}_4 R_2$$

得：

$$\dot{I}_3 R_1 = \dot{I}_4 R_2$$

又因：

$$\dot{I}_1 = \dot{I}_3\ ,\ \dot{I}_2 = \dot{I}_4$$

得：

$$\dot{I}_1 R_1 = \dot{I}_2 R_2$$

根据图 5 – 30 所示的参考方向可知：

$$\dot{I}_2 = -\frac{U_2}{Z_L}$$

因此，电路的输入阻抗为：

$$Z_{in} = \frac{\dot{U}_1}{\dot{I}_1} = \frac{\dot{U}_2}{\frac{R_2}{R_1}\dot{I}_2} = -\frac{R_1}{R_2}Z_L = -KZ_L \qquad (这里\ K = \frac{R_1}{R_2}，称为电流增益)$$

负阻抗变换器的电压电流及阻抗关系如下：

$$\dot{U}_2 = \dot{U}_1\ ,\ \dot{I}_2 = K\dot{I}_1\ ,\ Z_{in} = -KZ_L$$

可见，这个电路的输入阻抗为负值，也就是说，当负载端接入任意一个无源阻抗时，在激励端就得到一个负的阻抗元件，简称负阻元件。

在本装置中，令 $R_1 = R_2 = R$，则 $K = 1$，$Z_{in} = -Z_L$。

1）若 Z_L 为纯电阻 R，则 $Z_{in} = -R$ 称为负电阻，如图 5 – 33（a）所示；纯负电阻伏安特性是一条通过坐标原点且处于 2，4 象限的直线，如图 5 – 33（b）所示；当输入电压 $\dot{U}_1$ 为正弦信号时，输入电流 $\dot{I}_1$ 与电压 $\dot{U}_1$ 相位相反，如图 5 – 33（c）所示。

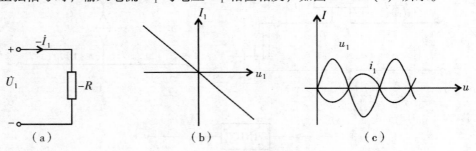

图 5 – 33　纯负电阻电路

2）若 Z_L 为纯电容，即：

$$Z_L = \frac{1}{j\omega C}$$

则：

$$Z_{in} = -Z_L = -\frac{1}{j\omega C} = j\omega L(这里\ L = \frac{1}{\omega^2 C})$$

3）若 Z_L 为纯电感，即：

$$Z_L = j\omega L$$

则：

$$Z_{in} = -Z_L = -j\omega L = \frac{1}{j\omega C}(这里\ C = \frac{1}{\omega^2 L})$$

（2）负阻抗变换元件（$-Z$）与普通的无源 R, L, C 元件 Z' 作串、并联时，其等值阻抗的计算方法与无源元件的串、并联计算公式相同，即：

$$Z_串 = -Z + Z', \qquad Z_并 = \frac{-ZZ'}{-Z + Z'}$$

（3）应用负阻抗变换器，可以构成一个具有负内阻的电压源，其电路如图5-34（a）所示。u_2 端为等效负内阻电压源的输出端。由于运算放大器的"+"、"-"端之间为虚短路，即 $\dot{U}_1 = \dot{U}_2$。

由图5-34所示 $\dot{I}_1$ 和 $\dot{I}_2$ 的参考方向及电路参数，可知：

$$\dot{I}_2 = -\dot{I}_1$$

故输出电压为：

$$\dot{U}_2 = \dot{U}_1 = \dot{U}_S - \dot{I}_1 R_1 = \dot{U}_S + \dot{I}_2 R_1$$

可见，该电压源的内阻 R_S 等于（$-R_1$），它的输出端电压随输出电流的增加而增加，具有负内阻电压源的等效电路及伏安特性曲线如图5-34（b）、（c）所示。

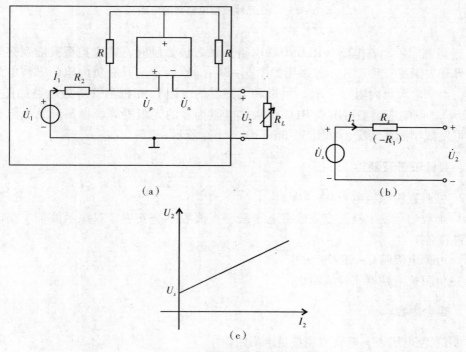

（a）

（b）

（c）

图5-34 具有负内阻的电压源

（4）负阻抗变换器能够起到逆变阻抗的作用，即可实现容性阻抗和感性阻抗的互换。由 RC 元件来模拟电感器的电路如图 5 - 35 所示，电路输入端的等效阻抗 Z_{in} 可视为电阻元件 R 与负阻元件 $-\left(R+\dfrac{1}{j\omega C}\right)$ 相并联的结果，即：

$$Z_{in} = \frac{-\left(R+\dfrac{1}{j\omega C}\right)R}{-\left(R+\dfrac{1}{j\omega C}\right)+R} = \frac{-R^2-\dfrac{R}{j\omega C}}{-\dfrac{1}{j\omega C}} = R + j\omega CR^2$$

对输入端而言，电路等效为一个线性有损耗电感器，等值电感 $L=RC$。同样，若将图中的电容器换成电感器 L，电路就等效为一个线性有损耗电容器，等值电容 $C=\dfrac{L}{R^2}$。

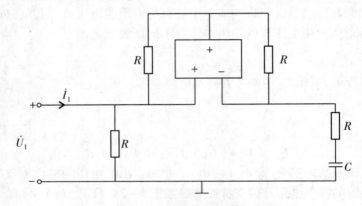

图 5 - 35　RC 元件模拟电感器的电路

（5）研究二阶动态电路（RLC 串联电路）的方波激励时，响应类型只能观察到过阻尼、临界和欠阻尼三种形式。若采用如图 5 - 36（a）所示的具有负内阻的方波电源作为激励源，由于电源负内阻（$-R_s$）可以和电感器的电阻 r_L 相抵消（等效电路如图 5 - 36（b）所示），则响应类型可出现 RLC 串联总电阻为零的无阻尼等幅振荡和总电阻小于零的负阻尼发散型振荡情况，如图 5 - 36（c）、（d）所示。

三、实验设备及器件

（1）可调直流稳压电源 0 ~ 30V。

（2）函数信号发生器、直流数字电压表、直流数字毫安表、双踪示波器、交流毫伏表、元件箱各 1 台。

（3）可调电阻箱 0 ~ 99999.9Ω。

（4）负阻抗变换器实验线路板。

四、实验内容

1. 用直流电压表、毫安表测量负电阻阻值

（1）实验线路如图 5 - 37 所示，U_1 为直流稳压电源，R_L 为可调电阻箱。将 U_1 调

至 1.5V。

（2）先断开开关 K（即不接 R_1）的阻值，改变可调电阻 R 的阻值，测出相应的 U_1，I_1 值，计算负电阻值，记入表 5－22。

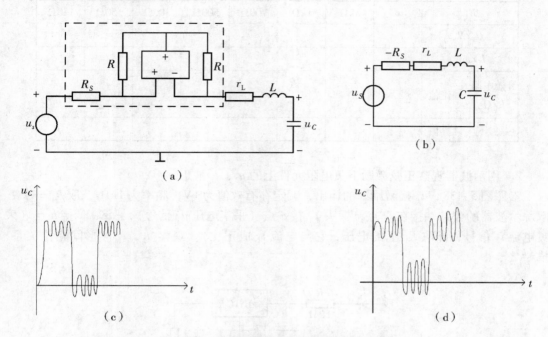

图 5－36　具有负内阻的方波电源作为激励源

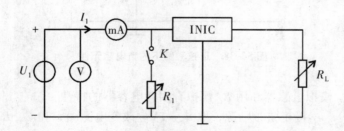

图 5－37　测量负电阻阻值的实验线路

表 5－22　$U_1 = 1.5\text{V}$，$R_1 = \infty$ 时的负电阻阻值

R_L/Ω		200	300	400	500	600	700	800	900
U_1/V									
I_1/mA									
等效电阻 R/Ω	理论值								
	测量值								

（3）取 $R_L = 200\Omega$，再接上 R_1 阻值，并改变 R_1 的值，测出相应的 U_1，I_1 值，计算负

电阻阻值，记入表 5 – 23。

表 5 – 23　$U_1 = 1.5\text{V}$，$R_L = 200\Omega$ 时的负电阻阻值

R_1		∞	$5\text{k}\Omega$	$1\text{k}\Omega$	700Ω	500Ω	300Ω	150Ω	120Ω
U_1/V									
I_1/mA									
等效电阻 R/Ω	理论值								
	计算值								

2.　用示波器观察正弦激励下负电阻元件上的 u_1，i_1 波形

参照图 5 – 38，u_1 接激励源的输出，调定在有效值为 1V，频率为 1kHz，取 $R_1 = 1\text{k}\Omega$。双踪示波器的公共端接在 O 点，探头 Y_1 接 a 点（采集电压 u_1 信号），探头 Y_2 接 b 点（采集电流 i_1 信号，即取 R_1 上的电压，它与电流 i_1 成正比）。观察 u_1，i_1 波形间相位关系，描绘之。

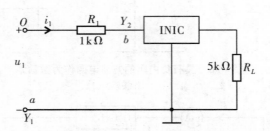

图 5 – 38　正弦激励下的负电阻元件

3.　验证用 R_C 模拟电感器和用 R_L 模拟有损耗电容器的特性

参照图 5 – 39，u_1 接正弦激励源，取 $u_1 = 1\text{V}$。改变电源频率和 C，L 的数值，重复观察输入端 u_1，i_1 间相位关系，描绘之。

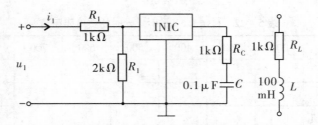

图 5 – 39　用 R_C 模拟电感器和用 R_L 模拟有损耗电容器的特性

4.　用伏安法测定具有负电阻电压源的伏安特性

参照图 5 – 40，电源 U_S 接直流稳压电源的输出，电压调至 1.5V，负载 R_L 从 ∞ 减至

200Ω，自拟数据表格记录，并作伏安特性曲线。

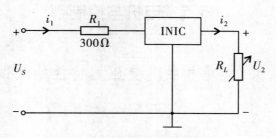

图 5 - 40　具有负电阻电压源

5. 研究、观察 RLC 串联电路的方波激励

参照图 5 - 41 ，U_S 接方波激励源，取 $U_o < 5V$ ，$f = 1kHz$；R_S 取值 $0 \sim 25k\Omega$，r_L 取值 $5k\Omega$ 左右。

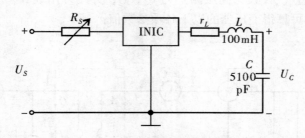

图 5 - 41　RLC 串联电路的方波激励

增加 R_S 即相当于减小了 RLC 串联回路中的总电阻，R_S 可在几百欧范围内调节，实验时，先取 $r_L > R_S$，然后逐步减小 r_L（或增加 R_S），用示波器观察电容器两端电压 u_C 波形，使响应分别出现过阻尼、欠阻尼、无阻尼和负阻尼等四种情况，并测出各种情况下的衰减常数 α 和振荡频率 ω_d。

五、实验报告

（1）电路中负阻器件是发出功率还是吸收功率？

（2）在研究 RLC 串联电路的响应时，在阻尼情况下，如何确认激励源仍具有负的内阻值？

（3）整理实验数据，画出必要的曲线。

（4）描绘二阶电路在四种情况下 u_C 的波形。

（5）对实验结果作出详细的解释。

5.5 电机与控制

5.5.1 单相铁芯变压器特性的测试

一、实验目的

（1）学习测量并计算变压器的各项参数。
（2）学会测绘变压器的空载特性与外特性。

二、原理说明

（1）图 5－42 为测试变压器参数的电路。由各仪表读得变压器原边（AX，低压侧）的 U_1，I_1，P_1 及副边（QX 设为高压侧）的 U_2，I_2，并用万用表 $R \times 1$ 档测出原、副绕组的电阻 R_1 和 R_2，即可算得变压器的以下各项参数值：

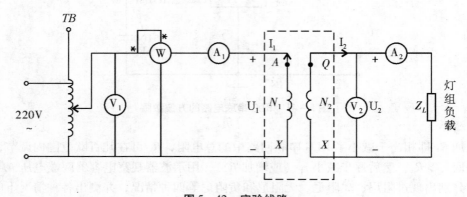

图 5－42 实验线路

电压比 $K_u = \dfrac{U_1}{U_2}$，电流比 $K_1 = \dfrac{I_2}{I_1}$

原边阻抗 $Z_1 = \dfrac{U_1}{I_1}$，副边阻抗 $Z_2 = \dfrac{U_2}{I_2}$

阻抗比 $N_2 = \dfrac{Z_1}{Z_2}$

负载功率 $P_2 = U_2 I_2$，损耗功率 $P_o = P_1 - P_2$

功率因数 $\cos\phi_1 = \dfrac{P_1}{U_1 I_1}$，原边线圈铜耗 $P_{Cu1} = I_1^2 R_1$

副边铜耗 $P_{Cu2} = I_2^2 R_2$，铁耗 $P_{Fe} = P_o - (P_{Cu1} + P_{Cu2})$

（2）变压器空载特性测试。铁芯变压器是一个非线性元件，铁芯中的磁感应强度 B 决定于外加电压的有效值 U。当副边开路（即空载）时，原边的励磁电流 I_{10} 与磁场强度

H 成正比。在变压器中，副边空载时，原边电压与电流的关系称为变压器的空载特性，这与铁芯的磁化曲线（$B-H$ 曲线）是一致的。

空载实验通常是将高压侧开路，由低压侧通电进行测量，又因空载时功率因数很低，故测量功率时应采用低功率因数瓦特表。此外，因变压器空载时阻抗很大，故电压表应接在电流表外侧。

（3）变压器外特性测试。为了满足实验装置上三组灯泡负载额定电压为 220V 的要求，故以变压器的低压（36V）绕组作为原边，220V 的高压绕组作为副边，即当做一台升压变压器使用。

在保持原边电压 U_1（36V）不变时，逐次增加灯泡负载（每只灯为 15W），测定 U_1，U_2，I_1 和 I_2，即可绘出变压器的外特性，即负载特性曲线 $U_2 = f(I_2)$。

三、实验设备及器件

（1）单相交流电源 $0 \sim 220V$。

（2）三相自耦调压器、功率表各 1 台。

（3）交流电压表、交流电流表各 2 台。

（4）试验变压器 36V/220V 50VA，1 台。

（5）白炽灯 25W/220V，5 只。

四、实验内容

（1）用交流法判别变压器绕组的极性。

（2）按图 5-42 线路接线。其中 AX 为低压绕组，QX 为高压绕组，即电源调压器 T_3 接至低压绕组，高压绕组 220V，15W 的灯组负载（用 3 只灯泡并联获得）。经指导教师检查后方可进行实验。

（3）将调压器手柄置于输出电压为零的位置，然后合上电源开关，并调节调压器，使其输出电压为 36V，分别测试负载开路及逐次增加负载至额定值（最多亮 5 个灯泡），将 5 个仪表的读数记入自拟的数据表格，绘制变压器外特性曲线。（当负载为 4 个及 5 个灯泡时，变压器已处于超载运行状态，很容易烧坏。因此，测试和记录尽量快，不应超过 2 分钟。）

实验完毕将调压器调回零位，断开电源。

（4）将高压侧（副边）开路，确认调压器处在零位后，合上电源，调节调压器输出电压，使 U_1 从零逐次上升到 1.2 倍的额定电压（$1.2 \times 36V$），分别记下各次测得的 U_1，U_{20} 和 I_{10} 数据，记入自拟的数据表格，绘制变压器的空载特性曲线。

五、实验报告

（1）为什么本实验将低压绕组作为原边进行通电实验？此时，在实验过程中应注意什么问题？

（2）为什么变压器的励磁参数一定是在空载实验加额定电压的情况下求出？

（3）根据实验内容，自拟数据表格，绘出变压器的外特性和空载特性曲线。

（4）根据额定负载时测得的数据，计算变压器的各项参数。

（5）计算变压器的电压调整率 $\Delta U\% = \dfrac{U_{20} - U_{2N}}{U_{20}} \times 100\%$。

5.5.2　三相鼠笼式异步电动机的点动和自锁控制

一、实验目的

（1）通过对三相鼠笼式异步电动机点动控制和自锁控制线路的实际安装接线，掌握由电气原理图变换成安装接线图的知识。

（2）通过实验进一步加深理解点动控制和自锁控制的特点。

二、原理说明

（1）继电—接触控制在各类生产机械中获得广泛的应用，凡是需要进行前后、上下、左右、进退等运动的生产机械，均采用传统的典型的正、反转继电—接触控制。

交流电动机继电—接触控制电路的主要设备是交流接触器，其主要构造为：

1）电磁系统——铁心、吸引线圈和短路环。

2）触头系统——主触头和辅助触头，还可按吸引线圈得电前后触头的动作状态，分动合（常开）、动断（常闭）两类。

3）消弧系统——在切断大电流的触头上装有灭弧罩，以迅速切断电弧。

4）接线端子、反作用弹簧等。

（2）在控制回路中常采用接触器的辅助触头来实现自锁和互锁控制。要求接触器线圈得电后能自动保持动作后的状态，这就是自锁，通常用接触器自身的动合触头与启动按钮相并联来实现，以达到电动机的长期运行，这一动合触头称为"自锁触头"。使两个电器不能同时得电动作的控制，称为互锁控制，如为了避免正、反转两个接触器同时得电而造成三相电源短路事故，必须增设互锁控制环节。为了操作方便，也为了防止因接触器主触头长期大电流的烧蚀而偶发触头粘连后造成的三相电源短路事故，通常在具有正、反转控制的线路中采用既有接触器的动断辅助触头的电气互锁、又有复合按钮机械互锁的双重互锁的控制环节。

（3）控制按钮通常用于短时通、断小电流的控制回路，以实现近、远距离控制电动机等执行部件的起、停或正、反转控制。按钮专供人工操作使用。对于复合按钮，其触点的动作规律是：当按下时，其动断触头先断，动合触头后合；当松手时，则动合触头先断，动断触头后合。

（4）在电动机运行过程中，应对可能出现的故障进行保护。

采用熔断器作短路保护，当电动机或电器发生短路时，及时熔断熔体，达到保护线路、保护电源的目的。熔体熔断时间与流过的电流关系称为熔断器的保护特性，这是选择熔体的主要依据。

采用热继电器实现过载保护，使电动机免受长期过载之危害。其主要的技术指标是整定电流值，即电流超过此值的20％时，其动断触头应能在一定时间内断开，切断控制回路，动作后只能由人工进行复位。

（5）在电气控制线路中，最常见的故障发生在接触器上。接触器线圈的电压等级通常有 220V 和 380V 两种，使用时必须认清，切勿疏忽。否则，电压过高易烧坏线圈；电压过低，吸力不够，不易吸合或吸合频繁，这不但会产生很大的噪声，也因磁路气隙增大，致使电流过大，也易烧坏线圈。此外，在接触器铁芯的部分端面嵌装有短路铜环，其作用是为了使铁芯吸合牢靠，消除颤动与噪声，若发现短路环脱落或断裂现象，接触器将会产生很大的振动与噪声。

三、实验设备及器件

（1）三相鼠笼式异步电动机 DJ24 1 台。
（2）交流接触器、热继电器、万用电表各 1 个。
（3）按钮 2 只 DDZ－19。
（4）交流电压表 0～500V。

四、实验内容

1. 点动控制

按图 5－43 点动控制线路进行安装接线，接线时，先接主电路，即从 220V 三相交流电源的输出端 U，V，W 开始，经接触器 KM 的主触头，热继电器 FR 的热元件到电动机 M 的三个线端 A，B，C，用导线按顺序串联起来。主电路连接完整无误后，再连接控制电路，即从 220V 三相交流电源某输出端（如 V）开始，经过常开按钮 SB$_1$、接触器 KM 的线圈、热继电器 FR 的常闭触头到三相交流电源另一输出端（如 W）。

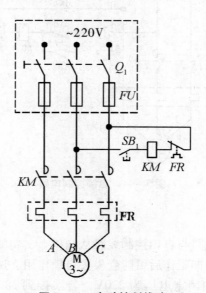

图 5－43　点动控制线路

（1）开启控制屏电源总开关，按启动按钮，调节调压器输出，使输出线电压为 220V。
（2）按启动按钮 SB$_1$，对电动机 M 进行点动操作，比较按下 SB$_1$ 与松开 SB$_1$ 电动机和接触器的运行情况。

（3）实验完毕，按控制屏停止按钮，切断实验线路三相交流电源。

2．自锁控制电路

按图 5－44 所示自锁线路进行接线，它与图 5－43 的不同点在于控制电路中多串联一只常闭按钮 SB$_2$，同时在 SB$_1$ 上并联 1 只接触器 KM 的常开触头，它起自锁作用。接好线路经指导教师检查后，方可进行通电操作。

（1）按控制屏启动按钮，接通 220V 三相交流电源。

（2）按启动按钮 SB$_1$，松手后观察电动机 M 是否继续运转。

（3）按停止按钮 SB$_2$，松手后观察电动机 M 是否停止运转。

（4）按控制屏停止按钮，切断实验线路三相电源，拆除控制回路中自锁触头 KM，再接通三相电源，启动电动机，观察电动机及接触器的运转情况，从而验证自锁触头的作用。

实验完毕，将自耦调压器调回零位，按控制屏停止按钮，切断实验线路的三相交流电源。

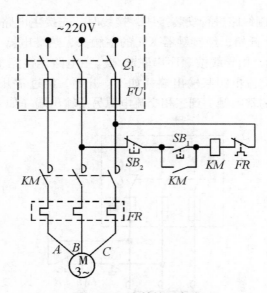

图 5－44　自锁控制电路

五、实验报告

（1）试比较点动控制线路与自锁控制线路从结构上、功能上看主要区别是什么？

（2）自锁控制线路在长期工作后可能会失去自锁作用。试分析产生的原因是什么？

（3）交流接触器线圈的额定电压为 220V，若误接到 380V 电源上会产生什么后果？反之，若接触器线圈电压为 380V，而电源线电压为 220V，其结果又如何？

（4）在主回路中，熔断器和热继电器热元件可否少用一只或两只？熔断器和热继电器两者可否只采用其中一种就可起到短路和过载保护作用？为什么？

5.5.3　三相鼠笼式异步电动机正反转控制

一、实验目的

（1）通过对三相鼠笼式异步电动机正反转控制线路的安装接线，掌握由电气原理图接成实际操作电路的方法。

（2）加深对电气控制系统各种保护、自锁、互锁等环节的理解。

（3）学会分析、排除继电—接触控制线路故障的方法。

二、原理说明

在鼠笼式电机正反转控制线路中，通过相序的更换来改变电动机的旋转方向。本实验给出两种不同的正、反转控制线路，如图 5 – 45 及图 5 – 46 所示。该电路具有如下特点：

（1）电气互锁。为了避免接触器 KM_1（正转），KM_2（反转）同时得电吸合造成三相电源短路，在 KM_1（KM_2）线圈支路中串接有 KM_1（KM_2）动断触头，它们保证了线路工作时 KM_1，KM_2 不会同时得电（见图 5 – 45），以达到电气互锁目的。

（2）电气和机械双重互锁。除电气互锁外，可再采用复合按钮 SB_1 与 SB_2 组成的机械互锁环节（见图 5 – 46），以求线路工作更加可靠。

（3）线路具有短路、过载、失压、欠压保护等功能。

三、实验设备及器件

（1）三相鼠笼式异步电动机 DJ24 1 台。

（2）交流接触器 JZC4 – 40 2 只。

（3）热继电器 D9305d 1 只。

（4）万用电表各 1 台。

（5）按钮 3 只，DDZ – 19。

（6）交流电压表 0 ~ 500V。

四、实验内容

认识各电器的结构、图形符号、接线方法，抄录电动机及各电器铭牌数据，并用万用电表 Ω 挡检查各电器线圈、触头是否完好。

鼠笼机接成△接法，实验线路电源端接三相自耦调压器输出端 U，V，W，供电线电压为 220V。

1. 接触器联锁的正反转控制线路

按图 5 – 45 接线，经指导教师检查后，方可进行通电操作。

（1）开启控制屏电源总开关，按启动按钮，调节调压器输出，使输出线电压为 220V。

（2）按正向启动按钮 SB_1，观察并记录电动机的转向和接触器的运行情况。

（3）按反向启动按钮 SB_2，观察并记录电动机和接触器的运行情况。

（4）按停止按钮 SB_3，观察并记录电动机的转向和接触器的运行情况。

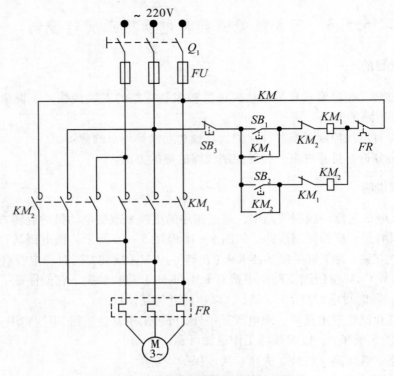

图 5 - 45　接触器联锁的正反转控制线路

（5）按 SB_2，观察并记录电动机的转向和接触器的运行情况。

（6）实验完毕，按控制屏停止按钮，切断三相交流电源。

2. 接触器和按钮双重联锁的正反转控制线路

按图 5 - 46 接线，经指导教师检查后，方可进行通电操作。

（1）按控制屏启动按钮，接通 220V 三相交流电源。

（2）按正向启动按钮 SB_1，电动机正向启动，观察电动机的转向及接触器的动作情况。按停止按钮 SB_3，使电动机停转。

（3）按反向启动按钮 SB_2，电动机反向启动，观察电动机的转向及接触器的动作情况。按停止按钮 SB_3，使电动机停转。

（4）按正向（或反向）启动按钮，电动机启动后，再去按反向（或正向）启动按钮，观察有何情况发生？

（5）电动机停稳后，同时按正、反向两只启动按钮，观察有何情况发生？

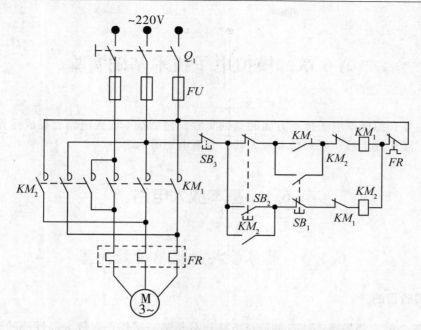

图 5-46 接触器和按钮双重联锁的正反转控制线路

五、实验报告

（1）在电动机正、反转控制线路中，为什么必须保证两个接触器不能同时工作？采取哪些措施可解决此问题，这些方法有何利弊，最佳方案是什么？

（2）在控制线路中，短路、过载、失压、欠压保护等功能是如何实现的？在实际运行过程中，这几种保护有何意义？

第6章 模拟电子技术基础实验

本章主要介绍模拟电子技术方面的基础实验，包括基本放大电路、集成运算放大器的基本应用、波形发生器、低频功率放大器、直流电源等内容。

6.1 基本放大电路

6.1.1 晶体管共射极单管放大器

一、实验目的

（1）学会放大器静态工作点的调试方法，分析静态工作点对放大器性能的影响。

（2）掌握放大器电压放大倍数、输入电阻、输出电阻及最大不失真输出电压的测试方法。

（3）熟悉常用电子仪器及模拟电路实验设备及器件的使用。

二、原理说明

图6-1为电阻分压式工作点稳定单管放大器实验电路图。它的偏置电路采用 R_{B1} 和 R_{B2} 组成的分压电路，并在发射极中接有电阻 R_E，以稳定放大器的静态工作点。当在放大器的输入端加入输入信号 u_i 后，在放大器的输出端便可得到一个与 u_i 相位相反、幅值被放大了的输出信号 u_o，从而实现了电压放大。

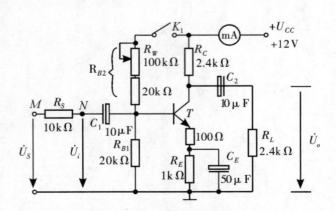

图6-1 共射极单管放大器实验电路

在图6-1电路中，当流过偏置电阻 R_{B1} 和 R_{B2} 的电流远大于晶体管 T 的基极电流 I_B 时

（一般 5~10 倍），则它的静态工作点可用下式估算：

$$U_B \approx \frac{R_{B1}}{R_{B1} + R_{B2}} U_{CC} \qquad I_E \approx \frac{U_B - U_{BE}}{R_E} \approx I_C \qquad U_{CE} = U_{CC} - I_C(R_C + R_E)$$

电压放大倍数 $\qquad A_V = -\beta \dfrac{R_C /\!/ R_L}{r_{be}}$

输入电阻 $\qquad R_i = R_{B1} /\!/ R_{B2} /\!/ r_{be}$

输出电阻 $\qquad R_o \approx R_C$

由于电子器件性能的分散性比较大，因此在设计和制作晶体管放大电路时，离不开测量和调试技术。在设计前应测量所用元器件的参数，为电路设计提供必要的依据，在完成设计和装配以后，还必须测量和调试放大器的静态工作点和各项性能指标。一个优质放大器，必定是理论设计与实验调整相结合的产物。因此，除了学习放大器的理论知识和设计方法外，还必须掌握必要的测量和调试技术。

放大器的测量和调试一般包括：放大器静态工作点的测量与调试、消除干扰与自激振荡及放大器各项动态参数的测量与调试等。

1. 放大器静态工作点的测量与调试

（1）静态工作点的测量。测量放大器的静态工作点，应在输入信号 $u_i = 0$ 的情况下进行，即将放大器输入端与地端短接，然后选用量程合适的直流毫安表和直流电压表，分别测量晶体管的集电极电流 I_C 以及各电极对地的电位 U_B，U_C 和 U_E。实验中，为了避免断开集电极，一般采用测量电压 U_E 或 U_C，然后，算出 I_C 的方法。例如，只要测出 U_E，即可用 $I_C \approx I_E = \dfrac{U_E}{R_E}$ 算出 I_C（也可根据 $I_C = \dfrac{U_{CC} - U_C}{R_C}$，由 U_C 确定 I_C），同时也能计算出 $U_{BE} = U_B - U_E$，$U_{CE} = U_C - U_E$。为了减小误差，提高测量精度，应选用内阻较高的直流电压表。

（2）静态工作点的调试。放大器静态工作点的调试是指对管子集电极电流 I_C（或 U_{CE}）的调整与测试。

静态工作点是否合适，对放大器的性能和输出波形都有很大影响。如工作点偏高，放大器在加入交流信号以后易产生饱和失真，此时 u_o 的负半周将被削底，如图 6-2（a）所示；如工作点偏低图则易产生截止失真，即 u_o 的正半周被缩顶（一般截止失真不如饱和失真明显），如图 6-2（b）所示。这些情况都不符合不失真放大的要求。所以，在选定工作点以后还必须进行动态调试，即在放大器的输入端加入一定的输入电压 u_i，检查输出电压 u_o 的大小和波形是否满足要求。如不满足，则应调节静态工作点的位置。

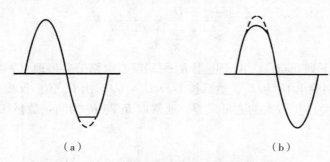

（a） （b）

图 6-2 静态工作点对 u_o 波形失真的影响

改变电路参数 U_{CC}，R_C，R_B（R_{B1}，R_{B2}）都会引起静态工作点的变化，如图 6-3 所示。但通常多采用调节偏置电阻 R_{B2} 的方法来改变静态工作点，如减小 R_{B2}，则可使静态工作点提高等。

最后还要说明的是，上面所说的工作点"偏高"或"偏低"不是绝对的，应该是相对信号的幅度而言，如输入信号幅度很小，即使工作点较高或较低也不一定会出现失真。所以，确切地说，产生波形失真是信号幅度与静态工作点设置配合不当所致。如需满足较大信号幅度的要求，静态工作点最好尽量靠近交流负载线的中点。

2. 放大器动态指标测试

放大器动态指标包括电压放大倍数、输入电阻、输出电阻、最大不失真输出电压（动态范围）和通频带等。

（1）电压放大倍数 A_V 的测量。调整放大器到合适的静态工作点，然后加入输入电压 u_i，在输出电压 u_o 不失真的情况下，用交流毫伏表测出 u_i 和 u_o 的有效值 U_i 和 U_o，则：

$$A_V = \frac{U_o}{U_i}$$

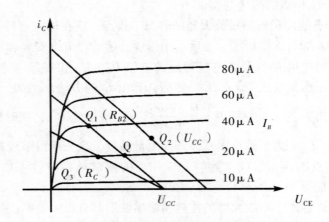

图 6-3　电路参数对静态工作点的影响

（2）输入电阻 R_i 的测量。为了测量放大器的输入电阻，按图 6-4 电路在被测放大器的输入端与信号源之间串入一已知电阻 R_s，在放大器正常工作的情况下，用交流毫伏表测出 U_S 和 U_i，则根据输入电阻的定义可得：

$$R_i = \frac{U_i}{I_i} = \frac{U_i}{\dfrac{U_R}{R}} = \frac{U_i}{U_S - U_i} R_s$$

测量时应注意下列几点：①由于电阻 R_s 两端没有电路公共接地点，所以测量 R_s 两端电压 U_R 时必须分别测出 U_S 和 U_i，然后按 $U_R = U_S - U_i$ 求出 U_R 值。②电阻 R_s 的值不宜取得过大或过小，以免产生较大的测量误差，通常取 R_s 与 R_i 为同一数量级为好，本实验可取 $R_s = 1 \sim 2\text{k}\Omega$。

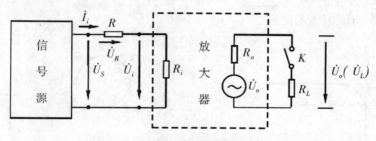

图 6-4　输入、输出电阻测量电路

（3）输出电阻 R_o 的测量。按图 6-4 电路，在放大器正常工作条件下，测出输出端不接负载 R_L 的输出电压 U_o 和接入负载后的输出电压 U_L，根据

$$U_L = \frac{R_L}{R_o + R_L} U_o$$

即可求出：

$$R_o = \left(\frac{U_o}{U_L} - 1 \right) R_L$$

在测试中应注意，必须保持 R_L 接入前后输入信号的大小不变。

（4）最大不失真输出电压 U_{OPP} 的测量（最大动态范围）。如上所述，为了得到最大动态范围，应将静态工作点调在交流负载线的中点。为此，在放大器正常工作情况下，逐步增大输入信号的幅度，并同时调节 R_W（改变静态工作点），用示波器观察 u_o，当输出波形同时出现削底和缩顶现象（见图 6-5）时，说明静态工作点已调在交流负载线的中点。然后，反复调整输入信号，使波形输出幅度最大，且无明显失真时，用交流毫伏表测出 U_o（有效值），则动态范围等于 $2\sqrt{2}U_o$，也可以从示波器直接读出 U_{OPP} 来。

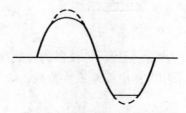

图 6-5　静态工作点正常但输入信号太大引起的失真

（5）放大器幅频特性的测量。放大器的幅频特性是指放大器的电压放大倍数 A_V 与输入信号频率 f 之间的关系曲线。单管阻容耦合放大电路的幅频特性曲线如图 6-6 所示，A_{um} 为中频电压放大倍数，通常规定电压放大倍数随频率变化下降到中频放大倍数的 $1/\sqrt{2}$ 倍，即 $0.707A_{um}$ 所对应的频率分别称为下限频率 f_L 和上限频率 f_H，则通频带 $f_{BW} = f_H - f_L$。

放大器的幅频特性就是测量不同频率信号时的电压放大倍数 A_V。为此，可采用前述测 A_V 的方法，每改变一个信号频率，测量其相应的电压放大倍数，测量时应注意取点要恰当，在低频段与高频段应多测几点，在中频段可以少测几点。此外，在改变频率时，要保持输入信号的幅度不变，且输出波形不得失真。

（6）干扰和自激振荡的消除。

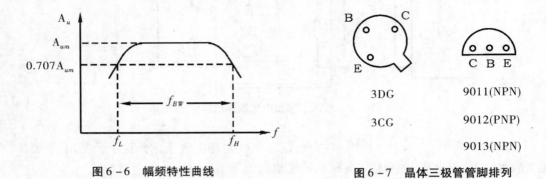

图6-6　幅频特性曲线　　　　　　　图6-7　晶体三极管管脚排列

三、实验设备及器件

（1）+12V 直流电源。

（2）函数信号发生器。

（3）双踪示波器。

（4）交流毫伏表。

（5）直流电压表。

（6）直流毫安表。

（7）频率计。

（8）万用电表。

（9）晶体三极管 3DG6 ×1（$\beta = 50 \sim 100$）或 9011 ×1（管脚排列如图 6 - 7 所示）电阻器、电容器若干。

四、实验内容

实验电路如图 6 - 1 所示。为防止干扰，各仪器的公共端必须连在一起，同时信号源、交流毫伏表和示波器的引线应采用专用电缆线或屏蔽线，如使用屏蔽线，则屏蔽线的外包金属网应接在公共接地端上。

1. 调试静态工作点

信号从图 6 - 1N 点输入。令交流信号为零（函数信号发生器输出交流电压峰峰值为零）。接通 +12V 电源，调节 R_W，使 U_E 分别等于 2.0V 及 2.1V，用直流电压表测量 U_B、U_C 及用万用电表测量 R_{B2} 值，记入表 6 - 1。

注：①R_{B2} 测量时要断开旁边的 K_1 开关。不接负载（$R_L = \infty$）。

②$I_B = \dfrac{U_{CC} - U_B}{R_{B2}} - \dfrac{U_B}{R_{B1}}$，$\beta = \dfrac{I_C}{I_B}$

③$r_{be} = \dfrac{U_{BE} \text{两次计算值之差}}{I_B \text{两次计算值之差}}$

表 6-1

测　量　值				计　算　值					
U_B/V	U_E/V	U_C/V	R_{B2}/kΩ	U_{BE}/V	U_{CE}/V	I_C/mA	I_B/mA	β	r_{be}/kΩ
	2.0V								
	2.1V								

2. 测量电压放大倍数

令函数信号发生器输出 1kHz，50mV 峰峰值的正弦电压信号，即 $U_{i_{p-p}} = 50$mV。用示波器同时观察 u_o 和 u_i，把示波器的 U_{op-p} 记入表 6-2 中。

表 6-2　　$U_{i_{p-p}} = 50$mV

R_L/kΩ	U_{op-p}/mV	$A_V = \dfrac{U_{o_{p-p}}}{U_{i_{p-p}}}$	观察记录一组 u_o 和 u_i 波形，注意要画出其相位关系
∞			
2.4			

思考：负载对电压放大倍数的影响。

3. 观察静态工作点对电压放大倍数的影响

置 $R_L = \infty$，$U_{i_{p-p}} = 50$mV，调节 R_W，令 U_E 为表 6-3 中各值。用示波器观察输出电压波形，在 u_o 不失真的条件下，测量 U_{op-p} 值，记入表 6-3。

表 6-3

U_E/V	1.4	1.6	1.8	2.0	2.2
$U_{o_{p-p}}$/mV					
A_V					

4. 测量最大不失真输出电压

置 $R_L = 2.4$kΩ，输入信号频率为 1kHz 不变。按照原理说明中所述方法，u_i 决定 u_o 大小，R_W 决定 Q 点，决定 u_o 是否失真，用示波器观察 U_{op-p}，同时调节输入信号的幅度和电位器 R_W，使 U_{op-p} 达到最大且不失真。记入表 6-4 第 1 行。

5. 观察静态工作点对输出波形失真的影响

$U_{i_{p-p}}$ 不变，分别增大和减小 R_W，使波形出现失真，绘出 u_o 的波形，并测出失真情况下的 U_{BE} 和 U_{CE} 值，记入表 6-4 第 2、3 行。

表 6 – 4

U_{BE}/V	U_{CE}/V	u_o 波形	失真情况	管子工作状态
			最大 不失真	（　　）区
			饱和 失真	（　　）区
			截止 失真	（　　）区

6. 测量输入电阻和输出电阻

置 $R_L = 2.4\text{k}\Omega$，$U_E = 2\text{V}$。从图 6 – 1 所示 M 点处输入 $U_{s_{p-p}} = 200\text{mV}$、$f = 1\text{kHz}$ 的正弦信号，在输出电压 u_o 不失真的情况下，测量 $U_{i_{p-p}}$ 和 $U_{L_{p-p}}$ 记入表 6 – 5 中。

保持 U_S 不变，断开 R_L，测量输出电压 $U_{o_{p-p}}$，记入表 6 – 5 中。

表 6 – 5 $I_C = 2\text{mA}$，$R_C = 2.4\text{k}\Omega$，$R_L = 2.4\text{k}\Omega$

$U_{S_{p-p}}$/mV	$U_{i_{p-p}}$/mV	R_i/kΩ		$U_{L_{p-p}}$/V	$U_{o_{p-p}}$/V	R_o/kΩ	
		测量计算值	理论值			测量计算值	理论值
200							

注：$U_{L_{p-p}}$ 是带负载时的输出电压峰峰值。测量计算方法参考 70 至 71 页。理论计算方法参考教科书。

五、实验报告

（1）列表整理测量结果，并把实测的静态工作点、电压放大倍数、输入电阻、输出电阻之值与理论计算值比较（取一组数据进行比较），分析产生误差的原因。

（2）总结 R_L 及静态工作点对放大器电压放大倍数影响。

（3）讨论静态工作点变化对放大器输出波形的影响。

（4）观察处于失真状态下的 U_{BE}、U_{CE}、和开启电压 U_{on} 的关系。

（5）分析讨论在调试过程中出现的问题。

6.1.2 负反馈放大器

一、实验目的

加深理解放大电路中引入负反馈的方法和负反馈对放大器各项性能指标的影响。

二、原理说明

负反馈在电子电路中有着非常广泛的应用，虽然它使放大器的放大倍数降低，但能在多方面改善放大器的动态指标，如稳定放大倍数，改变输入、输出电阻，减小非线性失真和展宽通频带等。因此，几乎所有的实用放大器都带有负反馈。

负反馈放大器有四种组态，即电压串联、电压并联、电流串联、电流并联。本实验以电压串联负反馈为例，分析负反馈对放大器各项性能指标的影响。

（1）图 6-8 为带有负反馈的两级阻容耦合放大电路，在电路中通过 R_f 把输出电压 u_o 引回到输入端，加在晶体管 T_1 的发射极上，在发射极电阻 R_{F1} 上形成反馈电压 u_f。根据反馈的判断法可知，它属于电压串联负反馈。

主要性能指标如下：

1）闭环电压放大倍数：

$$A_{Vf} = \frac{A_V}{1 + A_V F_V}$$

式中，$A_V = U_o/U_i$——基本放大器（无反馈）的电压放大倍数，即开环电压放大倍数；$1 + A_V F_V$——反馈深度，它的大小决定了负反馈对放大器性能改善的程度。

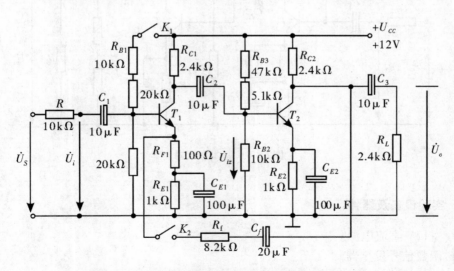

图 6-8 带有电压串联负反馈的两级阻容耦合放大器

2）反馈系数：

$$F_V = \frac{R_{F1}}{R_f + R_{F1}}$$

3）输入电阻：

$$R_{if} = (1 + A_V F_V) R_i$$

式中，R_i——基本放大器的输入电阻。

4）输出电阻：

$$R_{of} = \frac{R_o}{1 + A_{Vo} F_V}$$

式中，R_o——基本放大器的输出电阻；A_{Vo}——基本放大器 $R_L = \infty$ 时的电压放大倍数。

（2）本实验还需要测量基本放大器的动态参数，怎样实现无反馈而得到基本放大器呢？不能简单地断开反馈支路，而是要去掉反馈作用，但又要把反馈网络的影响（负载效应）考虑到基本放大器中去。为此：

1）在画基本放大器的输入回路时，因为是电压负反馈，所以可将负反馈放大器的输出端交流短路，即令 $u_o = 0$，此时 R_f 相当于并联在 R_{F1} 上。

2）在画基本放大器的输出回路时，由于输入端是串联负反馈，因此需将反馈放大器的输入端（T_1 管的射极）开路，此时（$R_f + R_{F1}$）相当于并接在输出端。可近似地认为 R_f 并接在输出端。

根据上述规律，就可得到所要求的如图 6-9 所示的基本放大器。

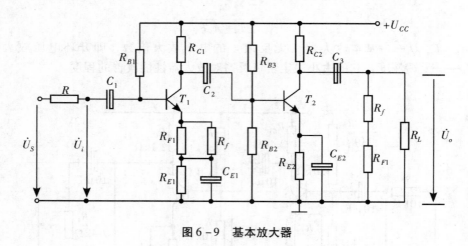

图 6-9　基本放大器

三、实验设备及器件

（1）+12V 直流电源。

（2）函数信号发生器。

（3）双踪示波器。

（4）频率计。

（5）交流毫伏表。

（6）直流电压表。

（7）晶体三极管 3DG6×2（$\beta = 50 \sim 100$）或 9011×2，电阻器、电容器若干。

四、实验内容

1. 测量静态工作点

按图 6-8 连接实验电路，取 $U_{CC} = +12\text{V}$。无负反馈（K_2 断开）。从 $\dot{U}iz$ 输入 1kHz 交流信号（注：必须从电容 C_2 左边输入 Uiz），调节 R_{B3} 及 $\dot{U}iz$ 峰峰值，使 $\dot{U}_o$ 最大不失真。R_{B3} 不变，从 $\dot{U}_i$ 输入 1kHz 交流信号，调节 R_{B1} 及 $\dot{U}_i$ 峰峰值，使 $\dot{U}_o$ 最大不失真。用直流电压表分别测量第一级、第二级的静态工作点，记入表 6-6。

表 6-6

	U_B/V	U_E/V	U_C/V	I_C/mA
第一级				
第二级				

注：从内容 2 开始均是动态实验，静态工作点保持不变（R_{B1}，R_{B3} 不变）

2. 测试基本放大器的各项性能指标

（1）测量中频电压放大倍数 A_V，输入电阻 R_i 和输出电阻 R_o。

1）断开 K_2，以 $f = 1\text{kHz}$，$U_{S_{p-p}} = 100\text{mV}$ 正弦信号输入放大器，用示波器观察输出波形 u_o，在 u_o 不失真的情况下，测量 $U_{i_{p-p}}$，$U_{L_{p-p}}$，记入表 6-7 第一行。

2）保持 U_S 不变，断开负载电阻 R_L，测量空载时的输出电压 $U_{o_{p-p}}$，记入表 6-7 第一行。

表 6-7

基本放大器	$U_{S_{p-p}}$/mV	$U_{i_{p-p}}$/mV	$U_{L_{p-p}}$/V	$U_{o_{p-p}}$/V	A_V	R_i/kΩ	R_o/kΩ
	100						
负反馈放大器	$U_{S_{p-p}}$/mV	$U_{i_{p-p}}$/mV	$U_{L_{p-p}}$/V	$U_{o_{p-p}}$/V	A_{Vf}	R_{if}/kΩ	R_{of}/kΩ
	1000						

（2）测量通频带。接上 R_L，保持（1）中的 U_S 不变，然后增加和减小输入信号的频率，找出上、下限频率 f_H 和 f_L，记入表 6-8 第一行。

表 6-8

基本放大器	f_L/kHz	f_H/kHz	Δf/kHz
负反馈放大器	f_{Lf}/kHz	f_{Hf}/kHz	Δf_f/kHz

（3）测试负反馈放大器的各项性能指标。

闭合 K_2，令实验电路成为负反馈放大电路。令 $U_{S_{p-p}} = 1\text{V}$，在输出波形不失真的条件下，测量负反馈放大器的 A_{Vf}，R_{if} 和 R_{of}，记入表 6-7 第二行；测量 f_{Hf} 和 f_{Lf}，记入表 6-8

第二行。

五、实验报告

（1）将基本放大器和负反馈放大器动态参数的实测值和理论估算值列表进行比较。
（2）根据实验结果，总结电压串联负反馈对放大器性能的影响。

6.1.3 射极跟随器

一、实验目的

（1）掌握射极跟随器的特性及测试方法。
（2）进一步学习放大器各项参数测试方法。

二、原理说明

射极跟随器的原理图如图 6－10 所示。它是一个电压串联负反馈放大电路，其特点为：输入电阻高，输出电阻低，电压放大倍数接近于 1，输出电压能够在较大范围内跟随输入电压作线性变化，输入、输出信号同相等。

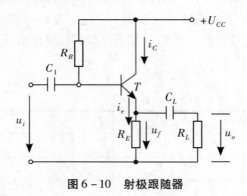

图 6－10　射极跟随器

射极跟随器的输出取自发射极，故称其为射极输出器。

1. 输入电阻 R_i

由图 6－10 电路知：

$$R_i = r_{be} + (1 + \beta)R_E$$

如考虑偏置电阻 R_B 和负载 R_L 的影响，则：

$$R_i = R_B \;//\; [r_{be} + (1 + \beta)(R_E \;//\; R_L)]$$

由上式可知射极跟随器的输入电阻 R_i 比共射极单管放大器的输入电阻 $R_i = R_B // r_{be}$ 要高得多，但由于偏置电阻 R_B 的分流作用，输入电阻难以进一步提高。

输入电阻的测试方法同单管放大器，实验线路如图 6－11 所示。

$$R_i = \frac{U_i}{I_i} = \frac{U_i}{U_S - U_i}R$$

即只要测得 A，B 两点的对地电位，即可计算出 R_i。

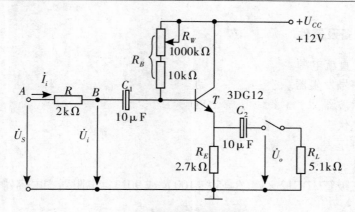

图 6-11 射极跟随器实验电路

2. 输出电阻 R_o

由图 6-10 电路知：

$$R_o = \frac{r_{be}}{\beta} \,/\!/\, R_E \approx \frac{r_{be}}{\beta}$$

如考虑信号源内阻 R_S，则：

$$R_o = \frac{r_{be} + (R_S \,/\!/\, R_B)}{\beta} \,/\!/\, R_E \approx \frac{r_{be} + (R_S \,/\!/\, R_B)}{\beta}$$

由上式可知，射极跟随器的输出电阻 R_o 比共射极单管放大器的输出电阻 $R_o \approx R_C$ 低得多。三极管的 β 愈高，输出电阻愈小。

输出电阻 R_o 的测试方法亦同单管放大器，即先测出空载输出电压 U_o，再测接入负载 R_L 后的输出电压 U_L，根据

$$U_L = \frac{R_L}{R_o + R_L} U_o$$

可得：

$$R_o = \left(\frac{U_o}{U_L} - 1 \right) R_L$$

3. 电压放大倍数

由图 6-10 电路知：

$$A_V = \frac{(1+\beta)(R_E \,/\!/\, R_L)}{r_{be} + (1+\beta)(R_E \,/\!/\, R_L)} \leq 1$$

上式说明射极跟随器的电压放大倍数小于近于 1，且为正值。这是深度电压负反馈的结果。但它的射极电流仍比基流大 $(1+\beta)$ 倍，所以它具有一定的电流和功率放大作用。

4. 电压跟随范围

电压跟随范围是指射极跟随器输出电压 u_o 跟随输入电压 u_i 作线性变化的区域。当 u_i 超过一定范围时，u_o 便不能跟随 u_i 作线性变化，即 u_o 波形产生了失真。为了使输出电压 u_o 正、负半周对称，并充分利用电压跟随范围，静态工作点应选在交流负载线中点，测量时可直接用示波器读取 u_o 的峰值，即电压跟随范围；或用交流毫伏表读取 u_o 的有效值，则电压跟随范围为：

$$U_{o_{p-p}} = 2\sqrt{2} U_o$$

三、实验设备及器件

（1） +12V 直流电源。

（2）函数信号发生器。

（3）双踪示波器。

（4）交流毫伏表。

（5）直流电压表。

（6）频率计。

（7）晶体三极管 3DG12×1（$\beta = 50 \sim 100$）或 9013，电阻器、电容器若干。

四、实验内容

按图 6-11 组接电路。

1. 静态工作点的调整

接通 +12V 直流电源，加入 $f = 1\text{kHz}$ 正弦信号 u_i，输出端用示波器观察输出波形，反复调整 R_W 及信号源的输出幅度，使在示波器的屏幕上得到一个最大不失真输出波形，然后置 $u_i = 0$，用直流电压表测量晶体管各电极对地电位，将测得数据记入表 6-9。

表 6-9

U_E/V	U_B/V	U_C/V	I_E/mA

在下面整个测试过程中应保持 R_W 值不变（即保持静工作点不变）。

2. 测量电压放大倍数 A_V

接入负载 $R_L = 1\text{k}\Omega$，在 B 点加入 $f = 1\text{kHz}$ 正弦信号 u_i，调节输入信号幅度，用示波器观察输出波形 u_o，在 R_w 不变时令 u_0 不失真（可适当调节 $U_{i_{p-p}}$）。用示波器测 $U_{L_{p-p}}$ 值，记入表 6-10。

表 6-10

$U_{i_{p-p}}$/V	$U_{L_{p-p}}$/V	A_V

3. 测量输出电阻 R_o

接上负载 $R_L = 50\Omega$，加入 $f = 1\text{kHz}$ 正弦信号 u_i，用示波器观察输出波形，测空载输出电压 $U_{o_{p-p}}$，有负载时输出电压 $U_{L_{p-p}}$，记入表 6-11。注：若 $U_{o_{p-p}}$ 与 $U_{L_{p-p}}$ 太接近，可减小 R_L 再测量。

表 6 – 11

$U_{o_{p-p}}$/V	$U_{L_{p-p}}$/V	R_o/kΩ

4. 测量输入电阻 R_i

从 A 点加入 $f = 1$kHz 的正弦信号 u_S，$U_{S_{p-p}} = 1$V，用示波器观察输出波形，并测量 $U_{i_{p-p}}$，记入表 6 – 12。注：若 $U_{S_{p-p}}$ 与 $U_{i_{p-p}}$ 太接近，可在图 6 – 11 电路 R 旁串联大电阻以增大 R。建议与 R 串联 100kΩ 电阻。

表 6 – 12

$U_{S_{p-p}}$/V	$U_{i_{p-p}}$/V	R_i/kΩ
1		

5. 测试跟随特性

接入负载 $R_L = 1$kΩ，在 B 点加入 $f = 1$kHz 正弦信号 u_i，逐渐增大信号 u_i 幅度，用示波器观察输出波形，直至输出波形达最大不失真，测量对应的 $U_{L_{p-p}}$ 值，记入表 6 – 13。

表 6 – 13

$U_{i_{p-p}}$/V	1	2	3	4	5
$U_{L_{p-p}}$/V					

6. 测试上下限截止频率特性

输入 u_i 为 1kHz，调节 $U_{i_{p-p}}$，令 $U_{o_{p-p}} = 2$V，保持输入信号不变，连续增大/减小 u_i 频率，用示波器观察输出波形，当 $U_{o_{p-p}} = 1.414$V 时，读取函数信号发生器当前频率值，记入表 6 – 14。

表 6 – 14

$U_{o_{p-p}}$	1.414V	1.414V
f/kHz	$f_L =$	$f_H =$

六、实验报告

（1）整理实验数据，并画出 $U_{L_{p-p}} - U_{i_{p-p}}$ 曲线及 $U_{L_{p-p}} - f$ 曲线。

（2）分析射极跟随器的性能和特点。

6.1.4 差动放大器

一、实验目的

（1）加深对差动放大器性能及特点的理解。

（2）学习差动放大器主要性能指标的测试方法。

二、原理说明

图 6 – 12 是差动放大器的基本结构。它由两个元件参数相同的基本共射放大电路组成。当开关 K 拨向左边时，构成典型的差动放大器。调零电位器 R_P 用来调节 T_1，T_2 管的静态工作点，使得输入信号 $U_i = 0$ 时，双端输出电压 $U_o = 0$。R_E 为两管共用的发射极电阻，它对差模信号无负反馈作用，因而不影响差模电压放大倍数，但对共模信号有较强的负反馈作用，故可以有效地抑制零漂，稳定静态工作点。

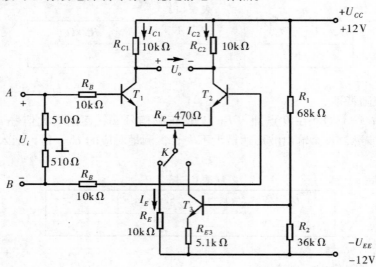

图 6 – 12　差动放大器实验电路

当开关 K 拨向右边时，构成具有恒流源的差动放大器。它用晶体管恒流源代替发射极电阻 R_E，可以进一步提高差动放大器抑制共模信号的能力。

1. 静态工作点的估算

典型电路：

$$I_E = \frac{|U_{EE}| - U_{BE}}{R_E}（认为 U_{B1} = U_{B2} \approx 0）；I_{C1} = I_{C2} = \frac{1}{2}I_E$$

恒流源电路：

$$I_{C3} \approx I_{E3} \approx \frac{\frac{R_2}{R_1 + R_2}(U_{CC} + |U_{EE}|) - U_{BE}}{R_{E3}}；I_{C1} = I_{C2} = \frac{1}{2}I_{C3}$$

2. 差模电压放大倍数和共模电压放大倍数

当差动放大器的射极电阻 R_E 足够大，或采用恒流源电路时，差模电压放大倍数 A_d 由输出端方式决定，而与输入方式无关。

双端输出：$R_E = \infty$，R_P 在中心位置时，

$$A_d = \frac{\Delta U_o}{\Delta U_i} = - \frac{\beta R_C}{R_B + r_{be} + \frac{1}{2}(1 + \beta)R_P}$$

单端输出：

$$A_{d1} = \frac{\Delta U_{C1}}{\Delta U_i} = \frac{1}{2}A_d \qquad A_{d2} = \frac{\Delta U_{C2}}{\Delta U_i} = - \frac{1}{2}A_d$$

当输入共模信号时，若为单端输出，则有：

$$A_{C1} = A_{C2} = \frac{\Delta U_{C1}}{\Delta U_i} = \frac{-\beta R_C}{R_B + r_{be} + (1 + \beta)\left(\frac{1}{2}R_P + 2R_E\right)} \approx - \frac{R_C}{2R_E}$$

若为双端输出，在理想情况下：

$$A_C = \frac{\Delta U_o}{\Delta U_i} = 0$$

实际上，由于元件不可能完全对称，因此 A_C 也不会绝对等于零。

3. 共模抑制比 CMRR

为了表征差动放大器对有用信号（差模信号）的放大作用和对共模信号的抑制能力，通常用一个综合指标来衡量，即共模抑制比：

$$CMRR = \left| \frac{A_d}{A_C} \right| \text{ 或 } CMRR = 20\log\left| \frac{A_d}{A_C} \right| (dB)$$

差动放大器的输入信号既可采用直流信号，也可采用交流信号。本实验由函数信号发生器提供频率 $f = 1\text{kHz}$ 的正弦信号作为输入信号。

三、实验设备及器件

（1）±12V 直流电源。

（2）函数信号发生器。

（3）双踪示波器。

（4）交流毫伏表。

（5）直流电压表。

（6）晶体三极管 3DG6 ×3（或 9011 ×3），要求 T_1，T_2 管特性参数一致；电阻器、电容器若干。

四、实验内容

1. 典型差动放大器性能测试

按图 6 – 12 连接实验电路，开关 K 拨向左边构成典型差动放大器。

（1）测量静态工作点。

1）调节放大器零点。信号源为零（将放大器输入端 A，B 与地短接）。接通 ±12V 直流电源，用直流电压表测量输出电压 U_o，调节调零电位器 R_P，使 $U_o = 0$。调节要仔细，力求准确。

2）测量静态工作点。零点调好以后，用直流电压表测量 T_1，T_2 管各电极电位及射极

电阻 R_E 两端电压 U_{RE}，记入表 6 – 15。

表 6 – 15

测量值	U_{C1}/V	U_{B1}/V	U_{E1}/V	U_{C2}/V	U_{B2}/V	U_{E2}/V	U_{RE}/V
计算值	I_C/mA			I_B/mA		U_{CE}/V	

（2）测量差模电压放大倍数。接通直流电源，将函数信号发生器的输出端接放大器输入 A 端，地端接放大器输入 B 端构成单端输入方式，调节输入信号为频率 $f = 1\text{kHz}$、大小为 0V 的正弦信号，用示波器观察差动放大器输出端（集电极 C_1 或 C_2 与地之间）。

接通 ±12V 直流电源，逐渐增大输入电压 $U_{i_{p-p}}$（约 100mV），在输出波形无失真的情况下，用示波器测 $U_{C1_{p-p}}$，$U_{C2_{p-p}}$，记入表 6 – 16 中，并观察 $U_{i_{p-p}}$，$U_{C1_{p-p}}$，$U_{C2_{p-p}}$ 之间的相位关系及 U_{RE} 随 $U_{i_{p-p}}$ 改变而变化的情况。

（3）测量共模电压放大倍数。将放大器 A，B 短接，信号源接 A 端与地端之间，构成共模输入方式，调节输入信号 $f = 1\text{kHz}$，$U_{i_{p-p}} = 1\text{V}$，测量 $U_{C1_{p-p}}$，$U_{C2_{p-p}}$ 之值，记入表 6 – 16，并观察 $U_{i_{p-p}}$，$U_{C1_{p-p}}$，$U_{C2_{p-p}}$ 之间的相位关系及 U_{RE} 随 $U_{i_{p-p}}$ 改变而变化的情况。

表 6 – 16

	典型差动放大电路		具有恒流源差动放大电路	
	单端输入	共模输入	单端输入	共模输入
$U_{i_{p-p}}$	100mV	1V	100mV	1V
$U_{C1_{p-p}}$/V				
$U_{C2_{p-p}}$/V				
$A_{d1} = \dfrac{U_{C1_{p-p}}}{U_{i_{p-p}}}$		/		/
$A_d = \dfrac{U_{o_{p-p}}}{U_{i_{p-p}}} = \dfrac{U_{C1_{p-p}} - U_{C2_{p-p}}}{U_{i_{p-p}}}$		/		/
$A_{C1} = \dfrac{U_{C1_{p-p}}}{U_{i_{p-p}}}$	/		/	
$A_C = \dfrac{U_{o_{p-p}}}{U_{i_{p-p}}} = \dfrac{U_{C1_{p-p}} - U_{C2_{p-p}}}{U_{i_{p-p}}}$	/		/	
$\text{CMRR} = \left\| \dfrac{A_{d1}}{A_{C1}} \right\|$				

注：U_{C1} 和 U_{C2} 应同时与 U_i 在示波器中进行观察。若与 U_i 互为反相则应记 $U_{C1_{p-p}}$ 或 $U_{C2_{p-p}}$ 为负数。

2. 具有恒流源的差动放大电路性能测试

将图 6 – 12 电路中开关 K 拨向右边，构成具有恒流源的差动放大电路。重复上述第 1 点中（2）和（3）内容的要求，记入表 6 – 16。

五、实验报告

（1）整理实验数据，列表比较实验结果和理论估算值，分析误差原因。

1）静态工作点和差模电压放大倍数。

2）典型差动放大电路单端输出时 CMRR 的实测值与理论值比较。

3）典型差动放大电路单端输出时 CMRR 的实测值与具有恒流源的差动放大器 CMRR 实测值比较。

（2）比较 U_i，U_{C1} 和 U_{C2} 之间的相位关系。

（3）根据实验结果，总结电阻 R_E 和恒流源的作用。

6.2　集成运算放大器的基本应用

6.2.1　集成运算放大器指标测试

一、实验目的

（1）掌握运算放大器（简称"运放"）主要指标的测试方法。

（2）通过对运算放大器 μA741 指标的测试，了解集成运算放大器组件的主要参数的定义和表示方法。

二、原理说明

集成运算放大器是一种线性集成电路，与其他半导体器件一样，它是用一些性能指标来衡量其质量的优劣。为了正确使用集成运放，就必须了解它的主要参数指标。集成运放组件的各项指标通常是由专用仪器进行测试的，这里介绍的是一种简易测试方法。

本实验采用的集成运放型号为 μA741（或 F007），引脚排列如图 6 – 13 所示，它是八脚双列直插式组件，②脚和③脚为反相和同相输入端，⑥脚为输出端，⑦脚和④脚为正、负电源端，①脚和⑤脚为失调调零端，①脚和⑤脚之间可接入一只几十 kΩ 的电位器并将滑动触头接到负电源端，⑧脚为空脚。

1. μA741 主要指标测试

（1）输入失调电压 U_{oS}。理想运放组件，当输入信号为零时，其输出也为零。但是，即使是最优质的集成组件，由于运放内部差动输入级参数的不完全对称，输出电压往往不为零。这种零输入时输出不为零的现象称为集成运放的失调。

输入失调电压 U_{oS} 是指输入信号为零时，输出端出现的电压折算到同相输入端的数值。

失调电压测试电路如图 6 – 14 所示。闭合开关 K_1 及 K_2，使电阻 R_B 短接，测量此时

的输出电压 U_{o1} 即为输出失调电压，则输入失调电压为：

$$U_{oS} = \frac{R_1}{R_1 + R_F} U_{o1}$$

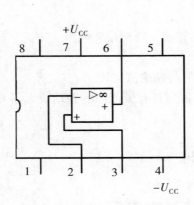

图 6 – 13　μA741 管脚

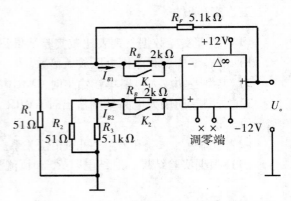

图 6 – 14　U_{oS}，I_{oS} 测试电路

实际测出的 U_{o1} 可能为正，也可能为负，一般在 $1 \sim 5\text{mV}$ 之间，高质量的运放 U_{oS} 在 1mV 以下。

测试中应注意：①将运放调零端开路。②要求电阻 R_1 和 R_2，R_3 和 R_F 的参数严格对称。

（2）输入失调电流 I_{oS}。输入失调电流 I_{oS} 是指当输入信号为零时，运放的两个输入端的基极偏置电流之差为：

$$I_{oS} = |I_{B1} - I_{B2}|$$

输入失调电流的大小反映了运放内部差动输入级两个晶体管 β 的失配度，由于 I_{B1}，I_{B2} 本身的数值已很小（微安级），因此它们的差值通常不是直接测量的，测试电路如图 6 – 14 所示，测试分两步进行：

1）闭合开关 K_1 及 K_2，在低输入电阻下，测出输出电压 U_{o1}，如前所述，这是由输入失调电压 U_{oS} 所引起的输出电压。

2）断开 K_1 及 K_2，两个输入电阻 R_B 接入，由于 R_B 阻值较大，流经它们的输入电流的差异，将变成输入电压的差异，因此，也会影响输出电压的大小，可见测出两个电阻 R_B 接入时的输出电压 U_{o2}，若从中扣除输入失调电压 U_{oS} 的影响，则输入失调电流 I_{oS} 为：

$$I_{oS} = |I_{B1} - I_{B2}| = |U_{o2} - U_{o1}| \frac{R_1}{R_1 + R_F} \frac{1}{R_B}$$

一般，I_{oS} 约为几十至几百 nA（10^{-9}A），高质量运放 I_{oS} 低于 1nA。

测试中应注意：①将运放调零端开路。②两输入端电阻 R_B 必须精确配对。

（3）开环差模放大倍数 A_{ud}。集成运放在没有外部反馈时的直流差模放大倍数称为开环差模电压放大倍数，用 A_{ud} 表示。它定义为开环输出电压 U_o 与两个差分输入端之间所加信号电压 U_{id} 之比：

$$A_{ud} = \frac{U_o}{U_{id}}$$

按定义，A_{ud} 应是信号频率为零时的直流放大倍数，但为了测试方便，通常采用低频（几十赫兹以下）正弦交流信号进行测量。由于集成运放的开环电压放大倍数很高，难以直接进行测量，故一般采用闭环测量方法。A_{ud} 的测试方法很多，现采用交流、直流同时闭环的测试方法，如图 6-15 所示。

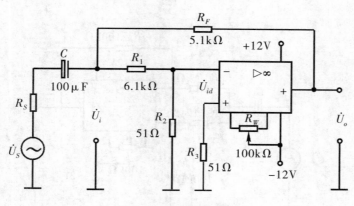

图 6-15　A_{ud} 测试电路

被测运放一方面通过 R_F，R_1，R_2 完成直流闭环，以抑制输出电压漂移，另一方面通过 R_F 和 R_S 实现交流闭环，外加信号 U_S 经 R_1，R_2 分压，使 U_{id} 足够小，以保证运放工作在线性区，同相输入端电阻 R_3 应与反相输入端电阻 R_2 相匹配，以减小输入偏置电流的影响，电容 C 为隔直电容。被测运放的开环电压放大倍数为：

$$A_{ud} = \frac{U_o}{U_{id}} = \left(1 + \frac{R_1}{R_2}\right)\frac{U_o}{U_i}$$

通常低增益运放 A_{ud} 为 60 ~ 70dB，中增益运放约为 80dB，高增益在 100dB 以上，可达 120 ~ 140dB。

测试中应注意：①测试前电路应首先消振及调零。②被测运放要工作在线性区。③输入信号频率应较低，一般用 50 ~ 100Hz，输出信号幅度应较小，且无明显失真。

（4）共模抑制比 CMRR。集成运放的差模电压放大倍数 A_d 与共模电压放大倍数 A_C 之比称为共模抑制比。

$$CMRR = \left|\frac{A_d}{A_C}\right| \text{ 或 } CMRR = 20\lg\left|\frac{A_d}{A_C}\right| (dB)$$

共模抑制比在应用中是一个很重要的参数，理想运放对输入的共模信号其输出为零，但在实际的集成运放中，其输出不可能没有共模信号的成分，输出端共模信号愈小，说明电路对称性愈好，也就是说运放对共模干扰信号的抑制能力愈强，即 CMRR 愈大。CMRR 的测试电路如图 6-16 所示。

集成运放工作在闭环状态下的差模电压放大倍数为：

$$A_d = -\frac{R_F}{R_1}$$

当接入共模输入信号 U_{ic} 时，测得 U_{oC}，则共模电压放大倍数为：

$$A_C = \frac{U_{oC}}{U_{iC}}$$

得共模抑制比：

$$CMRR = \left| \frac{A_d}{A_C} \right| = \frac{R_F}{R_1} \frac{U_{iC}}{U_{oC}}$$

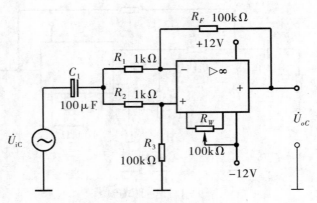

图 6 - 16　CMRR 测试电路

　　测试中应注意：①消振与调零。②R_1 与 R_2，R_3 与 R_F 之间阻值严格对称。③输入信号 U_{ic} 幅度必须小于集成运放的最大共模输入电压范围 U_{icm}。

　　（5）共模输入电压范围 U_{icm}。集成运放所能承受的最大共模电压称为共模输入电压范围，超出这个范围，运放的 CMRR 会大大下降，输出波形产生失真，有些运放还会出现"自锁"现象以及永久性的损坏。

　　U_{icm} 的测试电路如图 6 - 17 所示。

　　被测运放接成电压跟随器形式，输出端接示波器，观察最大不失真输出波形，从而确定 U_{icm} 值。

　　（6）输出电压最大动态范围 U_{opp}。集成运放的动态范围与电源电压、外接负载及信号源频率有关。测试电路如图 6 - 18 所示。

　　改变 u_S 幅度，观察 u_o 削顶失真开始时刻，从而确定 u_o 的不失真范围，这就是运放在某一定电源电压下可能输出的电压峰值 U_{opp}。

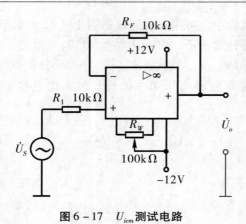

图 6-17 U_{icm} 测试电路

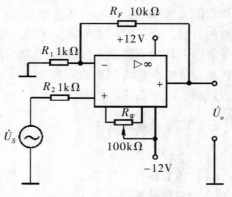

图 6-18 U_{OPP} 测试电路

2. 集成运放在使用时应考虑的一些问题

（1）输入信号选用交、直流量均可，但在选取信号的频率和幅度时，应考虑运放的频响特性和输出幅度的限制。

（2）调零。为提高运算精度，在运算前，应首先对直流输出电位进行调零，即保证输入为零时，输出也为零。当运放有外接调零端子时，可按组件要求接入调零电位器 R_W，调零时，将输入端接地，调零端接入电位器 R_W，用直流电压表测量输出电压 U_o，细心调节 R_W，使 U_o 为零（即失调电压为零）。如运放没有调零端子，若要调零，可按图 6-19 所示电路进行调零。

一个运放如不能调零，大致有如下原因：①组件正常，接线有错误。②组件正常，但负反馈不够强（R_F/R_1 太大），为此可将 R_F 短路，观察是否能调零。③组件正常，但由于它所允许的共模输入电压太低，可能出现自锁现象，因而不能调零。为此，可将电源断开后，再重新接通，如能恢复正常，则属于这种情况。④组件正常，但电路有自激现象，应进行消振。⑤组件内部损坏，应更换好的集成块。

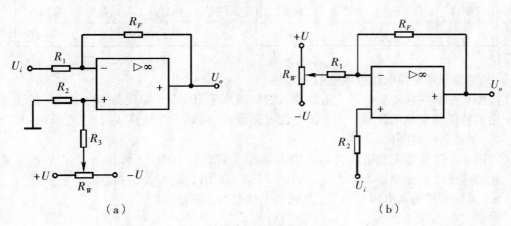

（a） （b）

图 6-19 调零电路

（3）消振。一个集成运放自激时，表现为即使输入信号为零，亦会有输出，使各种运算功能无法实现，严重时还会损坏器件。在实验中，可用示波器观察输出波形。为消除运放的自激，常采用如下措施：①若运放有相位补偿端子，可利用外接 RC 补偿电路，产品手册中有补偿电路及元件参数提供。②电路布线、元、器件布局应尽量减少分布电容。③在正、负电源进线与地之间接上几十 μF 的电解电容和 $0.01 \sim 0.1\mu F$ 的陶瓷电容相并联，以减小电源引线的影响。

三、实验设备及器件

（1）±12V 直流电源。

（2）函数信号发生器。

（3）双踪示波器。

（4）交流毫伏表。

（5）直流电压表。

（6）集成运算放大器 μA741×1，电阻器、电容器若干。

四、实验内容

实验前看清运放管脚排列及电源电压极性及数值，切忌正、负电源接反。

1. 测量输入失调电压 U_{oS}

按图 6-15 连接实验电路，闭合开关 K_1，K_2，用直流电压表测量输出端电压 U_{o1}，并计算 U_{oS}，记入表 6-17。

2. 测量输入失调电流 I_{oS}

实验电路如图 6-15 所示，打开开关 K_1，K_2，用直流电压表测量 U_{o2}，并计算 I_{oS}，记入表 6-17。

表 6-17

U_{oS}/mV		I_{oS}/nA		A_{ud}/dB		CMRR/dB	
实测值	典型值	实测值	典型值	实测值	典型值	实测值	典型值
	2 ~ 10		50 ~ 100		100 ~ 106		80 ~ 86

3. 测量开环差模电压放大倍数 A_{ud}

按图 6-16 连接实验电路，运放输入端加频率为 100Hz、幅度为 30 ~ 50mV 的正弦信号，用示波器观察输出波形。用交流毫伏表测量 U_o 和 U_i，并计算 A_{ud}，记入表 6-17。

4. 测量共模抑制比 CMRR

按图 6-17 连接实验电路，运放输入端加入频率为 100Hz、幅度为 1 ~ 2V 的正弦信号，观察输出波形。测量 U_{oC} 和 U_{iC}，计算 A_C 及 CMRR，记入表 6-17。

5. 测量共模输入电压范围 U_{icm} 及输出电压最大动态范围 U_{opp}

自拟实验步骤及方法。

五、实验报告

（1）将所测得的数据与典型值进行比较。

（2）对实验结果及实验中碰到的问题进行分析、讨论。

6.2.2　模拟运算电路

一、实验目的

（1）研究由集成运算放大器组成的比例、加法、减法和积分等基本运算电路的功能。

（2）了解运算放大器在实际应用时应考虑的一些问题。

二、原理说明

集成运算放大器是一种具有高电压放大倍数的直接耦合多级放大电路。当外部接入不同的线性或非线性元器件组成输入和负反馈电路时，可以灵活地实现各种特定的函数关系。在线性应用方面，可组成比例、加法、减法、积分、微分、对数等模拟运算电路。

1．理想运算放大器的特性

在大多数情况下，将运放视为理想运放，就是将运放的各项技术指标理想化，满足下列条件的运算放大器称为理想运放：

开环电压增益　　　　　　　　$A_{ud} = \infty$

输入阻抗　　　　　　　　　　$r_i = \infty$

输出阻抗　　　　　　　　　　$r_o = 0$

带宽　　　　　　　　　　　　$f_{BW} = \infty$

失调与漂移均为零等。

理想运放在线性应用时的两个重要特性：

（1）输出电压 U_o 与输入电压之间满足关系式：

$$U_o = A_{ud}(U_+ - U_-)$$

由于 $A_{ud} = \infty$，而 U_o 为有限值，因此，$U_+ - U_- \approx 0$，即 $U_+ \approx U_-$，称为"虚短"。

（2）由于 $r_i = \infty$，故流进运放两个输入端的电流可视为零，即 $I_{IB} = 0$，称为"虚断"。这说明运放对其前级吸取电流极小。

上述两个特性是分析理想运放应用电路的基本原则，可简化运放电路的计算。

2．基本运算电路

（1）反相比例运算电路。电路如图 6 - 20 所示，对于理想运放，该电路的输出电压与输入电压之间的关系为：

$$U_o = -\frac{R_F}{R_1}U_i$$

为了减小输入级偏置电流引起的运算误差，在同相输入端应接入平衡电阻 $R_2 = R_1 /\!/ R_F$。

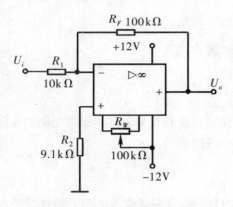

图 6 - 20　反相比例运算电路

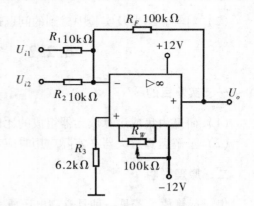

图 6 - 21　反相加法运算电路

（2）反相加法电路。电路如图 6 - 21 所示，输出电压与输入电压之间的关系为：

$$U_o = -\left(\frac{R_F}{R_1}U_{i1} + \frac{R_F}{R_2}U_{i2}\right) \qquad R_3 = R_1 // R_2 // R_F$$

（3）同相比例运算电路。图 6 - 22（a）是同相比例运算电路，它的输出电压与输入电压之间的关系为：

$$U_o = \left(1 + \frac{R_F}{R_1}\right)U_i \qquad R_2 = R_1 // R_F$$

当 $R_1 \to \infty$ 时，$U_o = U_i$，即得到如图 6 - 22（b）所示的电压跟随器。图中 $R_2 = R_F$，用以减小漂移和起保护作用。一般 R_F 取 $10k\Omega$，R_F 太小起不到保护作用，太大则影响跟随性。

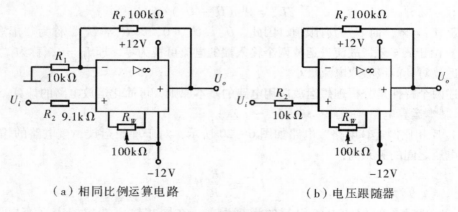

（a）相同比例运算电路　　　　　　　（b）电压跟随器

图 6 - 22　同相比例运算电路

（4）差动放大电路（减法器）。对于图 6 - 23 所示的减法运算电路，当 $R_1 = R_2$，$R_3 = R_F$ 时，有如下关系式：

$$U_o = \frac{R_F}{R_1}(U_{i2} - U_{i1})$$

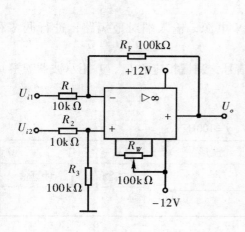

图 6-23 减法运算电路图

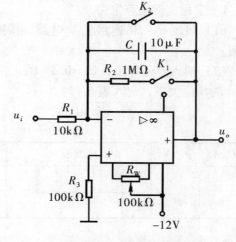

图 6-24 积分运算电路

（5）积分运算电路。反相积分电路如图 6-24 所示。在理想化条件下，输出电压 u_o 等于

$$u_o(t) = -\frac{1}{R_1C}\int_0^t u_i dt + u_C(0)$$

式中，$u_C(0)$ 是 $t=0$ 时电容 C 两端的电压值，即初始值。

如果 $u_i(t)$ 是幅值为 E 的阶跃电压，并设 $u_C(0) = 0$，则

$$u_o(t) = -\frac{1}{R_1C}\int_0^t E dt = -\frac{E}{R_1C}t$$

即输出电压 $u_o(t)$ 随时间增长而线性下降。显然 R，C 的数值越大，达到给定的 U_o 值所需的时间就越长。积分输出电压所能达到的最大值受集成运放最大输出范围的限值。

在进行积分运算之前，首先应对运放调零。为了便于调节，将图中 K_1 闭合，即通过电阻 R_2 的负反馈作用帮助实现调零。但在完成调零后，应将 K_1 打开，以免因 R_2 的接入造成积分误差。K_2 的设置一方面为积分电容放电提供通路，同时可实现积分电容初始电压 $u_C(0) = 0$；另一方面，可控制积分起始点，即在加入信号 u_i 后，只要 K_2 一打开，电容就将被恒流充电，电路也就开始进行积分运算。

三、实验设备及器件

（1） ±12V 直流电源。

（2） 函数信号发生器。

（3） 交流毫伏表。

（4） 直流电压表。

（5） 集成运算放大器 μA741×1，电阻器、电容器若干。

四、实验内容

实验前要看清运放组件各管脚的位置；切忌正、负电源极性接反和输出端短路，否则将会损坏集成块。

1. 反相比例运算电路

（1）按图6-20连接实验电路，接通±12V电源，输入端对地短路，进行调零和消振。

（2）输入$f=100\text{Hz}$，$U_i=0.5\text{V}$的正弦交流信号，测量相应的U_o，并用示波器观察u_o和u_i的相位关系，记入表6-18。

表6-18　$U_i=0.5\text{V}$，$f=100\text{Hz}$

U_i/V	U_o/V	u_i 波形	u_o 波形	A_V	
				实测值	计算值
		t	t		

2. 同相比例运算电路

（1）按图6-22（a）连接实验电路。实验步骤同内容1，将结果记入表6-19。

（2）将图6-22（a）中的R_1断开，得图6-22（b）电路，重复内容（1）。

表6-19　$U_i=0.5\text{V}$　$f=100\text{Hz}$

U_i/V	U_o/V	u_i 波形	u_o 波形	A_V	
				实测值	计算值
		t	t		

3. 反相加法运算电路

（1）按图6-21连接实验电路，调零和消振。

（2）输入信号采用直流信号，图6-25所示电路为简易直流信号源，由实验者自行完成。实验时要注意选择合适的直流信号幅度以确保集成运放工作在线性区。用直流电压表测量输入电压U_{i1}，U_{i2}及输出电压U_o，记入表6-20。

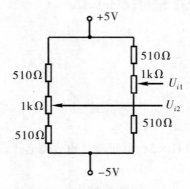

图6-25　简易可调直流信号源

表 6 – 20

U_{i1}/V					
U_{i2}/V					
U_o/V					

4. 减法运算电路

（1）按图 6 – 23 连接实验电路，调零和消振。

（2）采用直流输入信号，实验步骤同内容 3，记入表 6 – 21。

表 6 – 21

U_{i1}/V					
U_{i2}/V					
U_o/V					

5. 积分运算电路

实验电路如图 6 – 24 所示。

（1）打开 K_2，闭合 K_1，对运放输出进行调零。

（2）调零完成后，再打开 K_1，闭合 K_2，使 $u_C(0) = 0$。

（3）预先调好直流输入电压 $U_i = 0.5V$，接入实验电路，再打开 K_2，然后用直流电压表测量输出电压 U_o，每隔 5s 读一次 U_o，记入表 6 – 22，直到 U_o 不再继续明显增大为止。

表 6 – 22

t/s	0	5	10	15	20	25	30	…
U_o/V								

五、实验报告

（1）整理实验数据，画出波形图（注意波形间的相位关系）。

（2）将理论计算结果和实测数据相比较，分析产生误差的原因。

（3）分析讨论实验中出现的现象和问题。

6.2.3 有源滤波器

一、实验目的

（1）熟悉用运放、电阻和电容组成有源低通滤波、高通滤波和带通、带阻滤波器。

（2）学会测量有源滤波器的幅频特性。

二、原理说明

由 RC 元件与运算放大器组成的滤波器称为 RC 有源滤波器，其功能是让一定频率范围内的信号通过，抑制或急剧衰减此频率范围以外的信号。可用在信息处理、数据传输、抑制干扰等方面，但因受运算放大器频带限制，这类滤波器主要用于低频范围。根据对频率范围的选择不同，可分为低通（LPF）、高通（HPF）、带通（BPF）与带阻（BEF）四种滤波器，它们的幅频特性如图 6-26 所示。

具有理想幅频特性的滤波器是很难实现的，只能用实际的幅频特性去逼近理想的。一般来说，滤波器的幅频特性越好，其相频特性越差，反之则其相频特性越好。滤波器的阶数越高，幅频特性衰减的速率越快，但 RC 网络的节数越多，元件参数计算越繁琐，电路调试越困难。任何高阶滤波器均可以用较低的二阶 RC 有源滤波器级联实现。

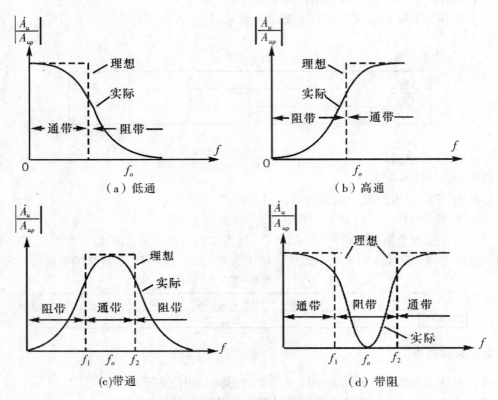

图 6-26　四种滤波电路的幅频特性示意图

1. 低通滤波器（LPF）

低通滤波器是用来通过低频信号衰减或抑制高频信号。

图 6-27(a) 为典型的二阶有源低通滤波器。它由两级 RC 滤波环节与同相比例运算电路组成，其中第一级电容 C 接至输出端，引入适量的正反馈，以改善幅频特性。

图 6-27(b) 为二阶低通滤波器幅频特性曲线。

电路性能参数如下：

$A_{up} = 1 + \dfrac{R_f}{R_1}$，$A_{up}$ 为二阶低通滤波器的通带增益；

$f_o = \dfrac{1}{2\pi RC}$，f_o 为截止频率，它是二阶低通滤波器通带与阻带的界限频率；

$Q = \dfrac{1}{3 - A_{up}}$，$Q$ 为品质因数，它的大小影响低通滤波器在截止频率处幅频特性的形状。

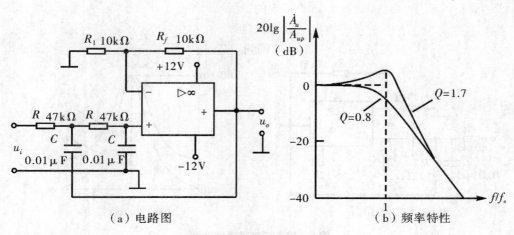

（a）电路图　　　　　　　　　（b）频率特性

图 6 – 27　二阶低通滤波器

2. 高通滤波器（HPF）

与低通滤波器相反，高通滤波器用来通过高频信号，衰减或抑制低频信号。

只要将图 6 – 27 低通滤波电路中起滤波作用的电阻、电容互换，即可变成二阶有源高通滤波器，如图 6 – 28（a）所示。高通滤波器性能与低通滤波器相反，其频率响应和低通滤波器是"镜像"关系，仿照 LPH 分析方法，不难求得 HPF 的幅频特性。

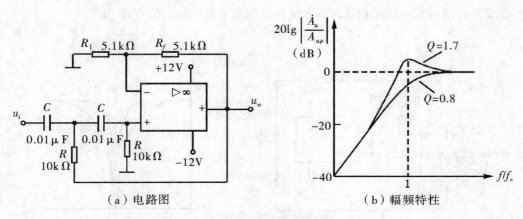

（a）电路图　　　　　　　　　（b）幅频特性

图 6 – 28　二阶高通滤波器

电路性能参数 A_{up}，f_o，Q 各量的含义与二阶低通滤波器相同。

图 6 – 28（b）为二阶高通滤波器的幅频特性曲线，可见，它与二阶低通滤波器的幅频特性曲线有"镜像"关系。

3. 带通滤波器（BPF）

这种滤波器的作用是只允许在某一个通频带范围内的信号通过，而对比通频带下限频率低和比上限频率高的信号均加以衰减或抑制。

典型的带通滤波器可以从二阶低通滤波器中将其中一级改成高通而成。如图 6 – 29（a）所示。

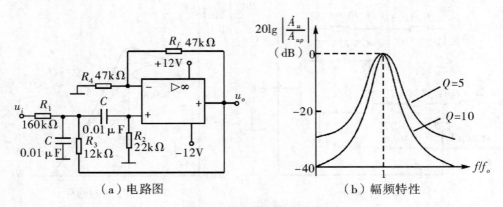

（a）电路图 （b）幅频特性

图 6 – 29　二阶带通滤波器

通带宽度 $B = \dfrac{1}{C}\left(\dfrac{1}{R_1} + \dfrac{2}{R_2} - \dfrac{R_f}{R_3 R_4}\right)$；选择性 $Q = \dfrac{\omega_o}{B}$。

此电路的优点是改变 R_f 和 R_4 的比例就可改变频宽而不影响中心频率。

4. 带阻滤波器（BEF）

如图 6 – 30（a）所示，这种电路的性能和带通滤波器相反，即在规定的频带内，信号不能通过（或受到很大衰减或抑制），而在其余频率范围，信号则能顺利通过。

在双 T 网络后加一级同相比例运算电路就构成了基本的二阶有源 BEF。

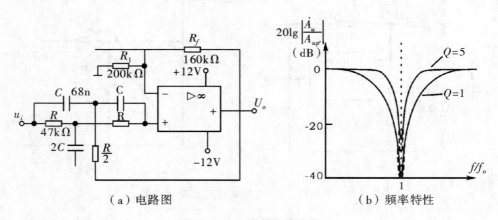

（a）电路图 （b）频率特性

图 6 – 30　二阶带阻滤波器

电路性能参数：通带增益 $A_{up} = 1 + \dfrac{R_f}{R_1}$；中心频率 $f_o = \dfrac{1}{2\pi RC}$；

带阻宽度 $B = 2(2 - A_{up})f_o$；选择性 $Q = \dfrac{1}{2(2 - A_{up})}$。

三、实验设备及器件

（1） ±12V 直流电源。
（2） 函数信号发生器。
（3） 双踪示波器。
（4） 交流毫伏表。
（5） 频率计。
（6） μA741×1 电阻器、电容器若干。

四、实验内容

1. 二阶低通滤波器

实验电路如图 6-27（a）所示。

（1）粗测。接通 ±12V 电源。u_i 接函数信号发生器，令其输出为 $U_i=1V$ 的正弦波信号，在滤波器截止频率附近改变输入信号频率，用示波器或交流毫伏表观察输出电压幅度的变化是否具备低通特性，如不具备，应排除电路故障。

（2）在输出波形不失真的条件下，选取适当幅度的正弦输入信号，在维持输入信号幅度不变的情况下，逐点改变输入信号频率。测量输出电压，记入表 6-23 中，描绘频率特性曲线。

表 6-23

f/Hz	
U_o/V	

2. 二阶高通滤波器

实验电路如图 6-28(a) 所示。

（1）粗测。输入 $U_i=1V$ 的正弦波信号，在滤波器截止频率附近改变输入信号频率，观察电路是否具备高通特性。

（2）测绘高通滤波器的幅频特性曲线，记入表 6-24。

表 6-24

f/Hz	
U_o/V	

3. 带通滤波器

实验电路如图 6-29(a)，测量其频率特性，记入表 6-25。

（1）实测电路的中心频率 f_o。

（2）以实测中心频率为中心，测绘电路的幅频特性。

表 6 – 25

f/Hz	
U_o/V	

4. 带阻滤波器

实验电路如图 6 – 30(a) 所示。

（1）实测电路的中心频率 f_o。

（2）测绘电路的幅频特性，记入表 6 – 26。

表 6 – 26

f/Hz	
U_o/V	

五、实验报告

（1）整理实验数据，画出各电路实测的幅频特性。

（2）根据实验曲线，计算截止频率、中心频率、带宽及品质因数。

（3）总结有源滤波电路的特性。

6.2.4 电压比较器

一、实验目的

（1）掌握电压比较器的电路构成及特点。

（2）学会测试比较器的方法。

二、原理说明

电压比较器是集成运放非线性应用电路，它将一个模拟量电压信号和一个参考电压相比较，在二者幅度相等的附近，输出电压将产生跃变，相应输出高电平或低电平。比较器可以组成非正弦波形变换电路及应用于模拟与数字信号转换等领域。

图 6 – 31(a) 所示为一最简单的电压比较器，U_R 为参考电压，加在运放的同相输入端，输入电压 u_i 加在反相输入端。

当 $u_i < U_R$ 时，运放输出高电平，稳压管 D_Z 反向稳压工作。输出端电位被其箝位在稳压管的稳定电压 U_Z，即 $u_o = U_Z$。

当 $u_i > U_R$ 时，运放输出低电平，D_Z 正向导通，输出电压等于稳压管的正向压降 U_D，即 $u_o = -U_D$。

因此，以 U_R 为界，当输入电压 u_i 变化时，输出端反映出两种状态，即高电位和低电位。

表示输出电压与输入电压之间关系的特性曲线，称为传输特性。图 6 – 32(b) 为(a)图比较器的传输特性。

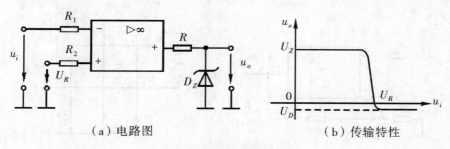

（a）电路图　　　　　　　（b）传输特性

图 6 − 31　电压比较器

常用的电压比较器有过零比较器、具有滞回特性的过零比较器、双限比较器（又称窗口比较器）等。

1.　过零比较器

图 6 − 32(a) 所示为加限幅电路的过零比较器电路，D_Z 为限幅稳压管。信号从运放的反相输入端输入，参考电压为零，从同相端输入。当 $U_i > 0$ 时，输出 $U_o = - (U_Z + U_D)$，当 $U_i < 0$ 时，$U_o = + (U_Z + U_D)$。其电压传输特性如图 6 − 32(b) 所示。

过零比较器结构简单，灵敏度高，但抗干扰能力差。

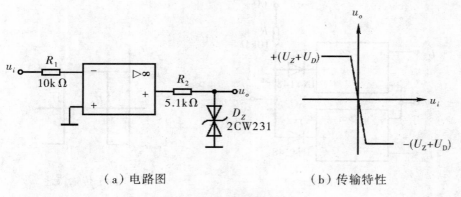

（a）电路图　　　　　　　（b）传输特性

图 6 − 32　过零比较器

2.　滞回比较器

图 6 − 33 为具有滞回特性的过零比较器。过零比较器在实际工作时，如果 u_i 恰好在过零值附近，则由于零点漂移的存在，u_o 将不断由一个极限值转换到另一个极限值，这在控制系统中，对执行机构将是很不利的。为此，就需要输出特性具有滞回现象。如图 6 − 33 所示，从输出端引一个电阻分压正反馈支路到同相输入端，若 u_o 改变状态，Σ 点也随着改变电位，使过零点离开原来位置。当 u_o 为正（记作 U_+），$U_\Sigma = \dfrac{R_2}{R_f + R_2} U_+$，则当 $u_i > U_\Sigma$ 后，u_o 即由正变负（记作 U_-），此时 U_Σ 变为 $- U_\Sigma$。故只有当 u_i 下降到 $- U_\Sigma$ 以下，才能使 u_o 再度回升到 U_+，于是出现如图 6 − 33(b) 中所示的滞回特性。

$- U_\Sigma$ 与 U_Σ 的差别称为回差。改变 R_2 的数值可以改变回差的大小。

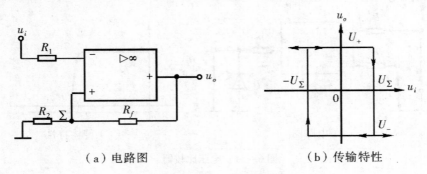

（a）电路图   （b）传输特性

图 6 - 33 滞回比较器

3. 窗口（双限）比较器

简单的比较器仅能鉴别输入电压 u_i 比参考电压 U_R 高或低的情况，窗口比较电路由两个简单比较器组成，如图 6 - 34 所示，它能指示出 u_i 值是否处于 U_R^+ 和 U_R^- 之间。如 $U_R^- < U_i < U_R^+$，则窗口比较器的输出电压 U_o 等于运放的正饱和输出电压（ $+ U_{omax}$）；如果 $U_i < U_R^-$ 或 $U_i > U_R^+$，则输出电压 U_o 等于运放的负饱和输出电压（ $- U_{omax}$）。

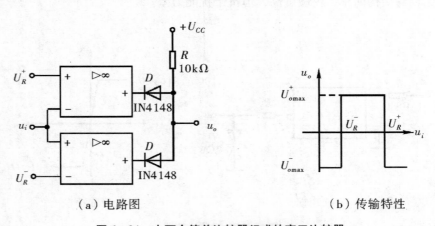

（a）电路图   （b）传输特性

图 6 - 34 由两个简单比较器组成的窗口比较器

三、实验设备及器件

（1） ±12V 直流电源。

（2） 函数信号发生器。

（3） 双踪示波器。

（4） 直流电压表。

（5） 交流毫伏表。

（6） 运算放大器 μA741 ×2。

（7） 稳压管 2CW231 ×1。

（8） 二极管 IN4148 ×2、电阻器等。

四、实验内容

1. 过零比较器

实验电路如图 6 – 32 所示。

（1）接通 ±12V 电源。

（2）测量 u_i 悬空时的 u_o 值。

（3）u_i 输入 500Hz、幅值为 2V 的正弦信号，观察 $u_i \rightarrow u_o$ 波形并记录。

（4）改变 u_i 幅值，测量传输特性曲线。

2. 反相滞回比较器

实验电路如图 6 – 35 所示。

（1）按图接线，u_i 接 +5V 可调直流电源，测出 u_o 由 $+U_{o\max} \rightarrow -U_{o\max}$ 时 u_i 的临界值。

（2）同上，测出 u_o 由 $-U_{o\max} \rightarrow +U_{o\max}$ 时 u_i 的临界值。

（3）u_i 接 500Hz，峰值为 2V 的正弦信号，观察并记录 $u_i \rightarrow u_o$ 波形。

（4）将分压支路 100kΩ 电阻改为 200kΩ，重复上述实验，测定传输特性。

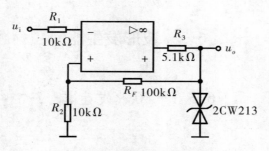

图 6 – 35　反相滞回比较器

3. 同相滞回比较器

实验线路如图 6 – 36 所示。

（1）参照 2，自拟实验步骤及方法。

（2）将结果与 2 进行比较。

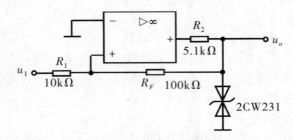

图 6-36　同相滞回比较器

4.　窗口比较器

参照图 6-34，自拟实验步骤和方法，测定其传输特性。

五、实验报告

（1）整理实验数据，绘制各类比较器的传输特性曲线。
（2）总结几种比较器的特点，并阐明它们的应用。

6.3　波形发生器

6.3.1　函数发生器

一、实验目的

（1）学习用集成运放构成正弦波、方波和三角波发生器。
（2）学习波形发生器的调整和主要性能指标的测试方法。

二、原理说明

由集成运放构成的正弦波、方波和三角波发生器有多种形式，本实验选用最常用的、线路比较简单的几种电路加以分析。

1.　RC 桥式正弦波振荡器（文氏电桥振荡器）

图 6-37 为 RC 桥式正弦波振荡器。其中 RC 串、并联电路构成正反馈支路，同时兼作选频网络，R_1，R_2，R_W 及二极管等元件构成负反馈和稳幅环节。调节电位器 R_W，可以改变负反馈深度，以满足振荡的振幅条件和改善波形。利用两个反向并联二极管 D_1，D_2 正向电阻的非线性特性来实现稳幅。D_1，D_2 采用硅管（温度稳定性好），且要求特性匹配，才能保证输出波形正、负半周对称。R_3 的接入是为了削弱二极管非线性的影响，以改善波形失真。

电路的振荡频率：　　　　　　　　$$f_o = \frac{1}{2\pi RC}$$

起振的幅值条件：　　　　　　　　$$\frac{R_f}{R_1} \geq 2$$

式中，$R_f = R_W + R_2 + (R_3 // r_D)$；$r_D$——二极管正向导通电阻。

调整反馈电阻 R_f（调 R_W），使电路起振，且波形失真最小。如不能起振，则说明负反馈太强，应适当加大 R_f。如波形失真严重，则应适当减小 R_f。

改变选频网络的参数 C 或 R，即可调节振荡频率。一般采用改变电容 C 作频率量程切换，而调节 R 作量程内的频率细调。

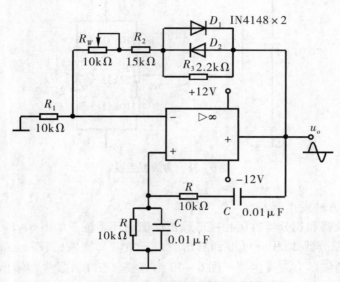

图 6 - 37　RC 桥式正弦波振荡器

2. 方波发生器

由集成运放构成的方波发生器和三角波发生器，一般均包括比较器和 RC 积分器两大部分。图 6 - 38 所示为由滞回比较器及简单 RC 积分电路组成的方波——三角波发生器。它的特点是线路简单，但三角波的线性度较差，主要用于产生方波，或对三角波要求不高的场合。

电路振荡频率：

$$f_o = \frac{1}{2R_f C_f \ln\left(1 + \frac{2R_2}{R_1}\right)}$$

式中，$R_1 = R_1' + R_W'$；$R_2 = R_2' + R_W''$。

方波输出幅值：

$$U_{om} = \pm U_Z$$

三角波输出幅值：

$$U_{om} = \frac{R_2}{R_1 + R_2} U_Z$$

调节电位器 R_W（即改变 R_2/R_1），可以改变振荡频率，但三角波的幅值也随之变化。如要互不影响，则可通过改变 R_f（或 C_f）来实现振荡频率的调节。

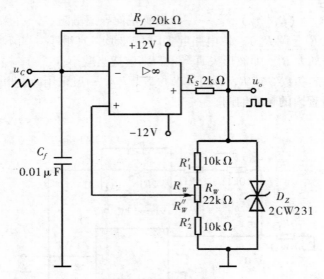

图 6-38　方波发生器

3. 三角波和方波发生器

如把滞回比较器和积分器首尾相接形成正反馈闭环系统，如图 6-39 所示，则比较器 A_1 输出的方波经积分器 A_2 积分可得到三角波，三角波又触发比较器自动翻转形成方波，这样即可构成三角波、方波发生器。图 6-40 为方波、三角波发生器输出波形图。由于采用运放组成的积分电路，因此可实现恒流充电，使三角波线性大大改善。

电路振荡频率：

$$f_0 = \frac{R_2}{4R_1(R_f + R_W)C_1}$$

方波幅值：

$$U'_{om} = \pm U_Z$$

三角波幅值：

$$U'_{om} = \frac{R_1}{R_2}U_Z$$

调节 R_W 可以改变振荡频率，改变比值 $\frac{R_1}{R_2}$ 可调节三角波的幅值。

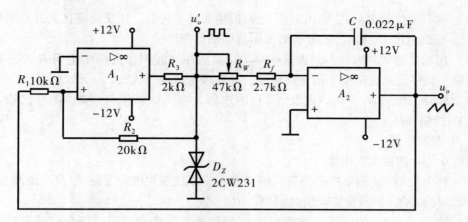

图 6 - 39　三角波、方波发生器

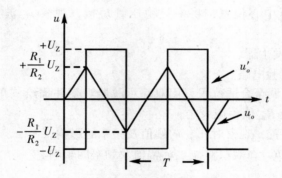

图 6 - 40　方波、三角波发生器输出波形图

三、实验设备及器件

（1）　±12V 直流电源。

（2）双踪示波器。

（3）交流毫伏表。

（4）频率计。

（5）集成运算放大器 μA741 ×2。

（6）二极管 IN4148 ×2。

（7）稳压管 2CW231 ×1，电阻器、电容器若干。

四、实验内容

1. RC 桥式正弦波振荡器

按图 6 - 37 连接实验电路。

（1）接通 ±12V 电源，调节电位器 R_W，使输出波形从无到有，从正弦波到出现失真。描绘 u_o 的波形，记下临界起振、正弦波输出及失真情况下的 R_W 值，分析负反馈强弱对起振条件及输出波形的影响。

（2）调节电位器 R_W，使输出电压 u_o 幅值最大且不失真，用交流毫伏表分别测量输出电压 U_o、反馈电压 U_+ 和 U_-，分析研究振荡的幅值条件。

（3）用示波器或频率计测量振荡频率 f_o，然后在选频网络的两个电阻 R 上并联同一阻值电阻，观察记录振荡频率的变化情况，并与理论值进行比较。

（4）断开二极管 D_1，D_2，重复（2）的内容，将测试结果与（2）进行比较，分析 D_1，D_2 的稳幅作用。

2. 方波发生器

按图 6-38 连接实验电路。

（1）将电位器 R_W 调至中心位置，用双踪示波器观察并描绘方波 u_o 及三角波 u_C 的波形（注意对应关系），测量其幅值及频率，记录之。

（2）改变 R_W 动点的位置，观察 u_o，u_C 幅值及频率变化情况。把动点调至最上端和最下端，测出频率范围，记录之。

（3）将 R_W 恢复至中心位置，将一只稳压管短接，观察 u_o 波形，分析 D_Z 的限幅作用。

3. 三角波和方波发生器

按图 6-39 连接实验电路。

（1）将电位器 R_W 调至合适位置，用双踪示波器观察并描绘三角波输出 u_o 及方波输出，测其幅值、频率及 R_W 值，记录之。

（2）改变 R_W 的位置，观察对 u_o，u_o' 幅值及频率的影响。

（3）改变 R_1（或 R_2），观察对 u_o、u_o' 幅值及频率的影响。

五、实验报告

1. 正弦波发生器

（1）列表整理实验数据，画出波形，把实测频率与理论值进行比较。

（2）根据实验分析 RC 振荡器的振幅条件。

（3）讨论二极管 D_1，D_2 的稳幅作用。

2. 方波发生器

（1）列表整理实验数据，在同一坐标纸上，按比例画出方波和三角波的波形图（标出时间和电压幅值）。

（2）分析 R_W 变化时，对 u_o 波形的幅值及频率的影响。

（3）讨论 D_Z 的限幅作用。

3. 三角波和方波发生器

（1）整理实验数据，把实测频率与理论值进行比较。

（2）在同一坐标纸上，按比例画出三角波及方波的波形，并标明时间和电压幅值。

（3）分析电路参数变化（R_1，R_2 和 R_W）对输出波形频率及幅值的影响。

6.3.2　RC 正弦波振荡器

一、实验目的

（1）进一步学习 RC 正弦波振荡器的组成及其振荡条件。
（2）学会测量、调试振荡器。

二、原理说明

从结构上看，正弦波振荡器是没有输入信号的，带选频网络的正反馈放大器。若用 R，C 元件组成选频网络，就称为 RC 振荡器，一般用来产生 1Hz～1MHz 的低频信号。

1. RC 移相振荡器

电路如图 6-41 所示，选择 $R \gg R_i$。

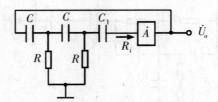

图 6-41　RC 移相振荡器原理

振荡频率：$f_o = \dfrac{1}{2\pi\sqrt{6}RC}$。

起振条件：放大器 A 的电压放大倍数 $|\dot{A}| > 29$。

电路特点：简便，但选频作用差，振幅不稳，频率调节不便，一般用于频率固定且稳定性要求不高的场合。

频率范围：几赫兹至数十千赫兹。

2. RC 串并联网络（文氏桥）振荡器

电路如图 6-42 所示。

振荡频率：$f_o = \dfrac{1}{2\pi RC}$。

起振条件：$|\dot{A}| > 3$。

电路特点：可方便地连续改变振荡频率，便于加负反馈稳幅，容易得到良好的振荡波形。

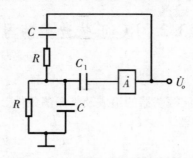

图 6-42　RC 串并联网络振荡器原理

3. 双 T 选频网络振荡器

电路如图 6-43 所示。

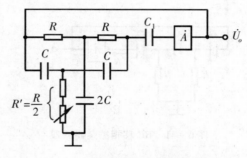

图 6-43　双 T 选频网络振荡器原理

振荡频率：$f_o = \dfrac{1}{5RC}$。

起振条件：$R' < \dfrac{R}{2}$ 并且 $|AF| > 1$。

电路特点：选频特性好，调频困难，适于产生单一频率的振荡。

三、实验设备及器件

（1）+12V 直流电源。

（2）函数信号发生器。

（3）双踪示波器。

（4）频率计。

（5）直流电压表。

（6）三极管 3DG12×2 或 9013×2，电阻、电容、电位器等。

四、实验内容

1. RC 串并联选频网络振荡器

（1）按图 6-44 组接线路。

（2）断开 RC 串并联网络，测量放大器静态工作点及电压放大倍数。

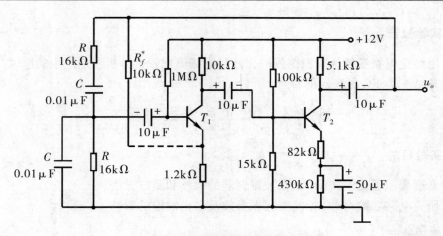

图 6 – 44 RC 串并联选频网络振荡器

（3）接通 RC 串并联网络，并使电路起振，用示波器观测输出电压 u_o 波形，调节 R_f 使获得满意的正弦信号，记录波形及其参数。

（4）测量振荡频率，并与计算值进行比较。

（5）改变 R 或 C 值，观察振荡频率变化情况。

（6）RC 串并联网络幅频特性的观察。将 RC 串并联网络与放大器断开，用函数信号发生器的正弦信号注入 RC 串并联网络，保持输入信号的幅度不变（约3V），频率由低到高变化，RC 串并联网络输出幅值将随之变化，当信号源达某一频率时，RC 串并联网络的输出将达最大值（约1V）。而且，输入、输出同相位，此时信号源频率为：

$$f = f_o = \frac{1}{2\pi RC}$$

2. 双 T 选频网络振荡器

（1）按图 6 – 45 组接线路。

（2）断开双 T 网络，调试 T_1 管静态工作点，使 U_{C1} 为 6 ~ 7V。

（3）接入双 T 网络，用示波器观察输出波形。若不起振，调节 R_{W1}，使电路起振。

（4）测量电路振荡频率，并与计算值比较。

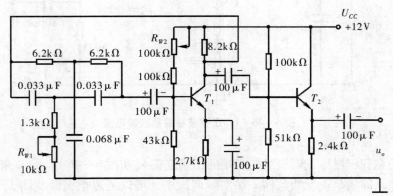

图 6 – 45 双 T 网络 RC 正弦波振荡器

五、实验报告

（1）由给定电路参数计算振荡频率，并与实测值比较，分析误差产生的原因。

（2）总结三类 RC 振荡器的特点。

6.3.3　LC 正弦波振荡器

一、实验目的

（1）掌握变压器反馈式 LC 正弦波振荡器的调整和测试方法。

（2）研究电路参数对 LC 振荡器起振条件及输出波形的影响。

二、原理说明

LC 正弦波振荡器是用 L，C 元件组成选频网络的振荡器，一般用来产生 1MHz 以上的高频正弦信号。根据 LC 调谐回路的不同连接方式，LC 正弦波振荡器又可分为变压器反馈式（或称互感耦合式）、电感三点式和电容三点式三种。图 6-46 为变压器反馈式 LC 正弦波振荡器的实验电路。其中晶体三极管 T_1 组成共射放大电路，变压器 T_r 的原绕组 L_1（振荡线圈）与电容 C 组成调谐回路，它既作为放大器的负载，又起选频作用，副绕组 L_2 为反馈线圈，L_3 为输出线圈。

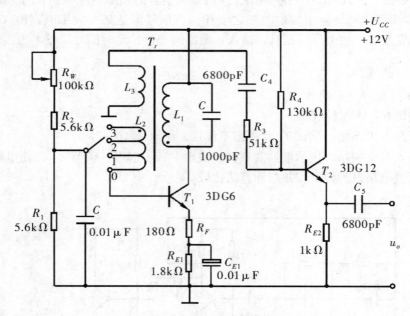

图 6-46　LC 正弦波振荡器实验电路

该电路是靠变压器原、副绕组同名端的正确连接（如图 6-46 所示），来满足自激振荡的相位条件，即满足正反馈条件。在实际调试中，可以通过把振荡线圈 L_1 或反馈线圈 L_2 的首、末端对调，来改变反馈的极性。而振幅条件的满足，一是靠合理选择电路参数，使放大器建立合适的静态工作点,二是改变线圈 L_2 的匝数,或它与 L_1 之间的耦合程度,以得到足够强的反馈量。稳幅作用是利用晶体管的非线性来实现的。由于 LC 并联谐振回路具有良好的选频作用,因此输出电压波形一般失真不大。

振荡器的振荡频率由谐振回路的电感和电容决定。

$$f_o = \frac{1}{2\pi\sqrt{LC}}$$

式中,L 为并联谐振回路的等效电感(即考虑其他绕组的影响)。

振荡器的输出端增加一级射极跟随器,用来提高电路的带负载能力。

三、实验设备及器件

(1) +12V 直流电源。

(2) 双踪示波器。

(3) 交流毫伏表。

(4) 直流电压表。

(5) 频率计。

(6) 振荡线圈。

(7) 晶体三极管 3DG6×1(9011×1),3DG12×1(9013×1);电阻器、电容器若干。

四、实验内容

按图 6-46 连接实验电路。电位器 R_W 置最大位置,振荡电路的输出端接示波器。

1. 静态工作点的调整

(1) 接通 U_{CC} = +12V 电源,调节电位器 R_W,使输出端得到不失真的正弦波形,如不起振,可改变 L_2 的首末端位置,使之起振。

测量两管的静态工作点及正弦波的有效值 U_o,记入表 6-27。

(2) 把 R_W 调小,观察输出波形的变化,测量有关数据,记入表 6-27。

(3) 调大 R_W,使振荡波形刚刚消失,测量有关数据,记入表 6-27。

表 6-27

		U_B/V	U_E/V	U_C/V	I_C/mA	U_o/V	u_o 波形
R_W 居中	T_1						
	T_2						
R_W 小	T_1						
	T_2						

续表 6 – 27

		U_B/V	U_E/V	U_C/V	I_C/mA	U_o/V	u_o 波形
R_w 大	T_1						
	T_2						

根据以上三组数据，分析静态工作点对电路起振、输出波形幅度和失真的影响。

2. 观察反馈量大小对输出波形的影响

置反馈线圈 L_2 于位置"0"（无反馈）、"1"（反馈量不足）、"2"（反馈量合适）、"3"（反馈量过强）时，测量相应的输出电压波形，记入表 6 – 28。

表 6 – 28

L_2 位置	"0"	"1"	"2"	"3"
u_o 波形				

3. 验证相位条件

改变线圈 L_2 的首、末端位置，观察停振现象；恢复 L_2 的正反馈接法，改变 L_1 的首末端位置，观察停振现象。

4. 测量振荡频率

调节 R_w 使电路正常起振，同时用示波器和频率计测量以下两种情况下的振荡频率 f_o，记入表 6 – 29。

谐振回路电容：①$C = 1000$pF；②$C = 100$pF。

表 6 – 29

C/pF	1000	100
f/kHz		

5. 观察谐振回路 Q 值对电路工作的影响

谐振回路两端并入 $R = 5.1$kΩ 的电阻，观察 R 并入前后振荡波形的变化情况。

五、实验报告

（1）整理实验数据，并分析讨论：

1）LC 正弦波振荡器的相位条件和幅值条件。

2）电路参数对 LC 振荡器起振条件及输出波形的影响。

（2）讨论实验中发现的问题及解决办法。

6.4 低频功率放大器

6.4.1 OTL 功率放大器

一、实验目的

（1）进一步理解 OTL 功率放大器的工作原理。
（2）学会 OTL 电路的调试及主要性能指标的测试方法。

二、原理说明

图 6-47 所示为 OTL 低频功率放大器。其中由晶体三极管 T_1 组成推动级（也称前置放大级），T_2，T_3 是一对参数对称的 NPN 和 PNP 型晶体三极管，它们组成互补推挽 OTL 功放电路。由于每一个管子都接成射极输出器形式，因此具有输出电阻低、负载能力强等优点，适合于作功率输出级。T_1 管工作于甲类状态，它的集电极电流 I_{C1} 由电位器 R_{W1} 进行调节。I_{C1} 的一部分流经电位器 R_{W2} 及二极管 D，给 T_2，T_3 提供偏压。调节 R_{W2}，可以使 T_2，T_3 得到合适的静态电流而工作于甲、乙类状态，以克服交越失真。静态时要求输出端中点 A 的电位 $U_A = \dfrac{1}{2} U_{CC}$，可以通过调节 R_{W1} 来实现，又由于 R_{W1} 的一端接在 A 点，因此在电路中引入交、直流电压并联负反馈，一方面能够稳定放大器的静态工作点，同时也改善了非线性失真。

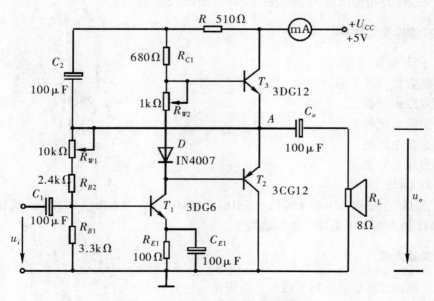

图 6-47 OTL 功率放大器实验电路

当输入正弦交流信号 u_i 时，经 T_1 放大、倒相后同时作用于 T_2，T_3 的基极，u_i 的负半周使 T_2 管导通（T_3 管截止），有电流通过负载 R_L，同时向电容 C_o 充电，在 u_i 的正半周，T_3 导通（T_2 截止），则已充好电的电容器 C_o 起着电源的作用，通过负载 R_L 放电，这样在 R_L 上就得到完整的正弦波。

C_2 和 R 构成自举电路，用于提高输出电压正半周的幅度，以得到大的动态范围。

OTL 电路的主要性能指标如下：

1. 最大不失真输出功率 P_{om}

理想情况下，$P_{om} = \dfrac{U_{CC}^2}{8R_L}$，在实验中可通过测量 R_L 两端的电压有效值，来求得实际的

$P_{om} = \dfrac{U_o^2}{R_L}$。

2. 效率 η

$$\eta = \frac{P_{om}}{P_E} \times 100\%$$

式中，P_E——直流电源供给的平均功率。

理想情况下，$\eta_{max} = 78.5\%$。在实验中，可测量电源供给的平均电流 I_{dC}，从而求得 $P_E = U_{CC} \cdot I_{dC}$，负载上的交流功率已用上述方法求出，因而也就可以计算实际效率了。

3. 频率响应

详见实验二有关部分内容。

4. 输入灵敏度

输入灵敏度是指输出最大不失真功率时，输入信号 U_i 之值。

三、实验设备及器件

（1）+5V 直流电源。
（2）函数信号发生器。
（3）双踪示波器。
（4）交流毫伏表。
（5）直流电压表。
（6）直流毫安表。
（7）频率计。
（8）晶体三极管 3DG6（9011），3DG12（9013），3CG12（9012）；晶体二极管 IN4007；8Ω 扬声器、电阻器、电容器若干。

四、实验内容

在整个测试过程中，电路不应有自激现象。

1. 静态工作点的测试

按图 6-47 连接实验电路，将输入信号旋钮旋至零（$u_i = 0$），电源进线中串入直流毫

安表，电位器 R_{W2} 置最小值，R_{W1} 置中间位置。接通 +5V 电源，观察毫安表指示，同时用手触摸输出极管子，若电流过大或管子显著升温，应立即断开电源检查原因（如 R_{W2} 开路，电路自激，或输出管性能不好等）。如无异常现象，可开始调试。

（1）调节输出端中点电位 U_A。调节电位器 R_{W1}，用直流电压表测量 A 点电位，使 $U_A = \frac{1}{2} U_{CC}$。

（2）调整输出极静态电流及测试各级静态工作点。调节 R_{W2}，使 T_2，T_3 管的 $I_{C2} = I_{C3} = 5 \sim 10\text{mA}$。从减小交越失真角度而言，应适当加大输出极静态电流，但该电流过大，会使效率降低，所以一般以 $5 \sim 10\text{mA}$ 为宜。由于毫安表是串在电源进线中，因此测得的是整个放大器的电流，但一般 T_1 的集电极电流 I_{C1} 较小，从而可以把测得的总电流近似当做末级的静态电流。如要准确得到末极静态电流，则可从总电流中减去 I_{C1} 之值。

调整输出极静态电流的另一方法是动态调试法。先使 $R_{W2} = 0$，在输入端接入 $f = 1\text{kHz}$ 的正弦信号 u_i。逐渐加大输入信号的幅值，此时，输出波形应出现较严重的交越失真（注意：没有饱和和截止失真），然后缓慢增大 R_{W2}，当交越失真刚好消失时，停止调节 R_{W2}，恢复 $u_i = 0$，此时直流毫安表读数即为输出极静态电流。一般数值也应在 $5 \sim 10\text{mA}$，如过大，则要检查电路。测量图 6-47 电阻 R 电压，计得 $I_{C2} = I_{C3} = $ 直流毫安表读数 $- \frac{U_R}{R}$

输出极电流调好以后，测量各级静态工作点，记入表 6-30。

表 6-30　$I_{C2} = I_{C3} = $　mA，$U_A = 2.5\text{V}$

	T_1	T_2	T_3
U_B / V			
U_C / V			
U_E / V			

注意：①在调整 R_{W2} 时，要注意旋转方向，不要调得过大，更不能开路，以免损坏输出管。②输出管静态电流调好，如无特殊情况，不得随意旋动 R_{W2} 的位置。

2. 最大输出功率 P_{om} 和效率 η 的测试

（1）测量 P_{om}。输入端接 $f = 1\text{kHz}$ 的正弦信号 u_i，输出端用示波器观察输出电压 u_o 波形。逐渐增大 $U_{i_{p-p}}$，使输出电压达到最大不失真输出，用示波器测出负载 R_L 上的电压 $U_{om_{p-p}}$，则：

$$U_{om} = \frac{U_{om_{p-p}}}{2\sqrt{2}}, P_{om} = \frac{U_{om}^2}{R_L}$$

（2）测量 η。当输出电压为最大不失真输出时，读出直流毫安表中的电流值，此电流即为直流电源供给的平均电流 I_{dC}（有一定误差），由此可近似求得 $P_E = U_{CC} I_{dC}$，再根据上面测得的 P_{om}，即可求出：

$$\eta = \frac{P_{om}}{P_E}$$

3. 输入灵敏度测试

根据输入灵敏度的定义，只要测出输出功率 $P_o = P_{om}$ 时的输入电压值 U_i 即可。

4. 频率响应的测试

测试方法同实验6.1.2，记入表6-31。

表6-31 $U_{i_{p-p}}=$　mV

	f_L			f_0			f_H		
f/Hz				1000					
$U_{o_{p-p}}/\text{V}$									
A_V									

在测试时，为保证电路的安全，应在较低电压下进行，通常取输入信号为输入灵敏度的50%。在整个测试过程中，应保持 U_i 为恒定值，且输出波形不得失真。

5. 研究自举电路的作用

（1）测量有自举电路，且 $P_o = P_{o\max}$ 时的电压增益 $A_V = \dfrac{U_{om}}{U_i}$。

（2）将 C_2 开路，R 短路（无自举），再测量 $P_o = P_{o\max}$ 的 A_V。

用示波器观察（1）、（2）两种情况下的输出电压波形，并将以上两项测量结果进行比较，分析研究自举电路的作用。

6. 噪声电压的测试

测量时将输入端短路（$u_i = 0$），观察输出噪声波形，并用交流毫伏表测量输出电压，即为噪声电压 U_N，本电路若 $U_N < 15\text{mV}$，即满足要求。

7. 试听

输入信号改为录音机输出，输出端接试听音箱及示波器。开机试听，并观察语言和音乐信号的输出波形。

五、实验报告

（1）整理实验数据，计算静态工作点、最大不失真输出功率 P_{om}、效率 η 等，并与理论值进行比较。画频率响应曲线。

（2）分析自举电路的作用。

（3）讨论实验中发生的问题及解决办法。

6.4.2　集成功率放大器

一、实验目的

（1）了解功率放大集成块的应用。

（2）学习集成功率放大器基本技术指标的测试。

二、原理说明

集成功率放大器由集成功放块和一些外部阻容元件构成。它具有线路简单、性能优越、工作可靠、调试方便等优点，已经成为在音频领域中应用十分广泛的功率放大器。

电路中最主要的组件为集成功放块，它的内部电路与一般分立元件功率放大器不同，通常包括前置级、推动级和功率级等几部分。有些还具有一些特殊功能（消除噪声、短路保护等）的电路。其电压增益较高（不加负反馈时，电压增益达 70 ~ 80dB，加典型负反馈时电压增益在 40dB 以上）。

集成功放块的种类很多。本实验采用的集成功放块型号为 LA4112，它的内部电路如图 6 - 48 所示，由三级电压放大，一级功率放大以及偏置、恒流、反馈、退耦电路组成。

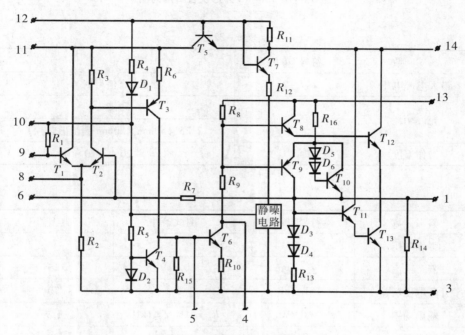

图 6 - 48　LA4112 内部电路

（1）电压放大级。第一级选用由 T_1 和 T_2 管组成的差动放大器，这种直接耦合的放大器零漂较小，第二级的 T_3 管完成直接耦合电路中的电平移动，T_4 是 T_3 管的恒流源负载，以获得较大的增益；第三级由 T_6 管等组成，此级增益最高，为防止出现自激振荡，需在该管的 B，C 极之间外接消振电容。

（2）功率放大级。由 $T_8 \sim T_{13}$ 等组成复合互补推挽电路。为提高输出级增益和正向输出幅度，需外接自举电容。

（3）偏置电路。为建立各级合适的静态工作点而设立。

除上述主要部分外，为了使电路工作正常，还需要和外部元件一起构成反馈电路来稳定和控制增益。同时，还设有退耦电路来消除各级间的不良影响。

LA4112 集成功放块是一种塑料封装十四脚的双列直插器件。它的外形如图 6 - 49 所示。表 6 - 32、表 6 - 33 是它的极限参数和电参数。

与 LA4112 集成功放块技术指标相同的国内外产品还有 FD403，FY4112，D4112 等，可以互相替代使用。

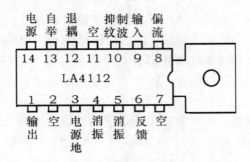

图 6-49　LA4112 外形及管脚排列图

表 6-32

参　　　数	符号/单位	额　定　值
最大电源电压	U_{CCmax}/V	13（有信号时）
允许功耗	P_o/W	1.2
		2.25（50mm×50mm 铜箔散热片）
工作温度	T_{opr}/℃	−20～+70

表 6-33

参　　　数	符号/单位	测试条件	典型值
工作电压	U_{CC}/V		9
静态电流	I_{CCQ}/mA	U_{CC}=9V	15
开环电压增益	A_{Vo}/dB		70
输出功率	P_o/W	R_L=4Ω　f=1kHz	1.7
输入阻抗	R_i/kΩ		20

　　集成功率放大器 LA4112 的应用电路如图 6-50 所示，该电路中各电容和电阻的作用简要说明如下：

C_1，C_9——输入、输出耦合电容，隔直作用。

C_2 和 R_f——反馈元件，决定电路的闭环增益。

C_3，C_4，C_8——滤波、退耦电容。

C_5，C_6，C_{10}——消振电容，消除寄生振荡。

C_7——自举电容，若无此电容，将出现输出波形半边被削波的现象。

三、实验设备及器件

（1）　+9V 直流电源。

（2）函数信号发生器。

（3）双踪示波器。

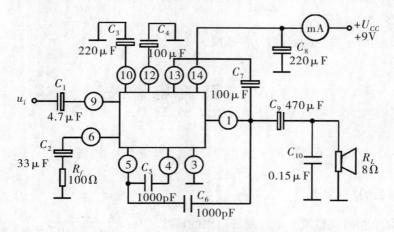

图 6 - 50 由 LA4112 构成的集成功放实验电路

（4）交流毫伏表。

（5）直流电压表。

（6）电流毫安表。

（7）频率计。

（8）集成功放块 LA4112。

（9）8Ω 扬声器，电阻器、电容器若干。

四、实验内容

按图 6 - 50 连接实验电路，输入端接函数信号发生器，输出端接扬声器。

1. 静态测试

将输入信号旋钮旋至零，接通 + 9V 直流电源，测量静态总电流及集成块各引脚对地电压，记入自拟表格中。

2. 动态测试

（1）最大输出功率。

1）接入自举电容 C_7。输入端接 1kHz 正弦信号，输出端用示波器观察输出电压波形，逐渐加大输入信号幅度，使输出电压为最大不失真输出，用交流毫伏表测量此时的输出电压 U_{om}，则最大输出功率为：

$$P_{om} = \frac{U_{om}^2}{R_L}$$

2）断开自举电容 C_7。观察输出电压波形变化情况。

（2）输入灵敏度。要求 $U_i < 100\text{mV}$，测试方法同实验 6.1.2。

（3）频率响应。测试方法同实验 6.1.2。

（4）噪声电压。要求 $U_N < 2.5\text{mV}$，测试方法同实验 6.1.2。

3. 试听

五、实验报告

（1）整理实验数据，并进行分析。

（2）画频率响应曲线。

（3）讨论实验中发生的问题及解决办法。

6.5 直流电源

6.5.1 串联型晶体管稳压电源

一、实验目的

（1）研究单相桥式整流、电容滤波电路的特性。

（2）掌握串联型晶体管稳压电源主要技术指标的测试方法。

二、原理说明

电子设备一般都需要直流电源供电。这些直流电源除了少数直接利用干电池和直流发电机外，大多数是采用把交流电（市电）转变为直流电的直流稳压电源。

直流稳压电源由电源变压器、整流、滤波和稳压电路四部分组成，其原理框图如图6-51所示。电网供给的交流电压 U_1（220V，50Hz）经电源变压器降压后，得到符合电路需要的交流电压 U_2，然后由整流电路变换成方向不变、大小随时间变化的脉动电压 U_3，再用滤波器滤去其交流分量，就可得到比较平直的直流电压 U_1。但这样的直流输出电压，还会随交流电网电压的波动或负载的变动而变化。在对直流供电要求较高的场合，还需要使用稳压电路，以保证输出直流电压更加稳定。

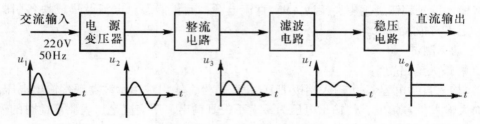

图 6-51　直流稳压电源框

图 6-52 是由分立元件组成的串联型稳压电源的电路图。其整流部分为单相桥式整流、电容滤波电路。稳压部分为串联型稳压电路，它由调整元件（晶体管 T_1），比较放大器 T_2，R_7，取样电路 R_1，R_2，R_w，基准电压 D_w，R_3 和过流保护电路 T_3 管及电阻 R_4，R_5，R_6 等组成。整个稳压电路是一个具有电压串联负反馈的闭环系统。其稳压过程为：当电网电压波动或负载变动引起输出直流电压发生变化时，取样电路取出输出电压的一部分送入比较放大器，并与基准电压进行比较，产生的误差信号经 T_2 放大后送至调整管 T_1 的基极，使调整管改变其管压降，以补偿输出电压的变化，从而达到稳定输出电压的目的。

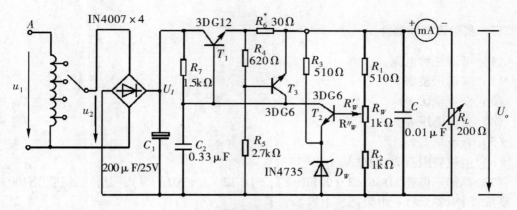

图 6 – 52 串联型稳压电源实验电路

由于在稳压电路中，调整管与负载串联，因此流过它的电流与负载电流一样大。当输出电流过大或发生短路时，调整管会因电流过大或电压过高而损坏，所以需要对调整管加以保护。在图 6 – 52 电路中，晶体管 T_3，R_4，R_5，R_6 组成减流型保护电路。此电路设计在 $I_{oP} = 1.2I_o$ 时开始起保护作用，此时输出电流减小，输出电压降低。排除故障后电路应能自动恢复正常工作。在调试时，若保护提前作用，应减少 R_6 值；若保护作用迟后，则应增大 R_6 之值。

稳压电源的主要性能指标如下：

1. 输出电压 U_o 和输出电压调节范围

$$U_o = \frac{R_1 + R_W + R_2}{R_2 + R''_W}(U_Z + U_{BE2})$$

调节 R_W 可以改变输出电压 U_o。

2. 最大负载电流 I_{om}

3. 输出电阻 R_o

输出电阻 R_o 定义为：当输入电压 U_I（指稳压电路输入电压）保持不变，由于负载变化而引起的输出电压变化量与输出电流变化量之比，即：

$$R_o = \frac{\Delta U_o}{\Delta I_o}\Big|\ U_I = 常数$$

4. 稳压系数 S（电压调整率）

稳压系数定义为：当负载保持不变，输出电压相对变化量与输入电压相对变化量之比，即：

$$S = \frac{\Delta U_o / U_o}{\Delta U_I / U_I}\Big|\ R_L = 常数$$

由于工程上常把电网电压波动 ±10% 作为极限条件，因此也有将此时输出电压的相对变化 $\Delta U_o / U_o$ 作为衡量指标，称为电压调整率。

5. 纹波电压

输出纹波电压是指在额定负载条件下，输出电压中所含交流分量的有效值（或峰值）。

三、实验设备及器件

（1）可调工频电源。
（2）双踪示波器。
（3）交流毫伏表。
（4）直流电压表。
（5）直流毫安表。
（6）滑线变阻器 $200\Omega/1A$。
（7）晶体三极管 3DG6×2（9011×2），3DG12×1（9013×1）；晶体二极管 IN4007×4，稳压管 IN4735×1；电阻器、电容器若干。

四、实验内容

1. 整流滤波电路测试

按图 6－53 连接实验电路。取可调工频电源电压为 16V，作为整流电路输入电压 u_2。

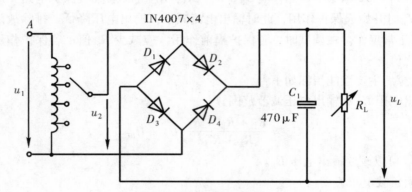

图 6－53　整流滤波电路

（1）取 $R_L = 240\Omega$，不加滤波电容，测量直流输出电压 u_L 及纹波电压 L，并用示波器观察 u_2 和 u_L 波形，记入表 6－34。

（2）取 $R_L = 240\Omega$，$C = 470\mu F$，重复内容（1）的要求，记入表 6－34。

（3）取 $R_L = 120\Omega$，$C = 470\mu F$，重复内容（1）的要求，记入表 6－34。

2. 串联型稳压电源性能测试

切断工频电源，在图 6－53 基础上按图 6－52 连接实验电路。

（1）初测。稳压器输出端负载开路，断开保护电路，接通 16V 工频电源，测量整流电路输入电压 U_2，滤波电路输出电压 U_I（稳压器输入电压）及输出电压 U_o。调节电位器 R_W，观察 U_o 的大小和变化情况，如果 U_o 能跟随 R_W 线性变化，这说明稳压电路各反馈环路工作基本正常。否则，说明稳压电路有故障，因为稳压器是一个深负反馈的闭环系统，只要环路中任一个环节出现故障（某管截止或饱和），稳压器就会失去自动调节作用。此时，可分别检查基准电压 U_z，输入电压 U_I，输出电压 U_o，以及比较放大器和调整管各电极的电位（主要是 U_{BE} 和 U_{CE}），分析它们的工作状态是否都处在线性区，从而找出不能正常工作的原因。排除故障以后就可以进行下一步测试。

表 6-34 $U_2 = 16V$

电路形式		U_L/V	$\tilde{U}_L/V$	u_L 波形
$R_L = 240\Omega$				
$R_L = 240\Omega$ $C = 470\mu F$				
$R_L = 120\Omega$ $C = 470\mu F$				

（2）测量输出电压可调范围。接入负载 R_L（滑线变阻器），并调节 R_L，使输出电流 $I_o \approx 100mA$。再调节电位器 R_W，测量输出电压可调范围 $U_{omin} \sim U_{omax}$。且使 R_W 动点在中间位置附近时 $U_o = 12V$。若不满足要求，可适当调整 R_1，R_2 之值。

（3）测量各级静态工作点。调节输出电压 $U_o = 12V$，输出电流 $I_o = 100mA$，测量各级静态工作点，记入表 6-35。

表 6-35 $U_2 = 16V$，$U_o = 12V$，$I_o = 100mA$

	T_1	T_2	T_3
U_B/V			
U_C/V			
U_E/V			

（4）测量稳压系数 S。取 $I_o = 100mA$，按表 6-36 改变整流电路输入电压 U_2（模拟电网电压波动），分别测出相应的稳压器输入电压 U_I 及输出直流电压 U_o，记入表 6-36。

（5）测量输出电阻 R_o。取 $U_2 = 16V$，改变滑线变阻器位置，使 I_o 为空载、50mA 和 100mA，测量相应的 U_o 值，记入表 6-37。

（6）测量输出纹波电压。取 $U_2 = 16V$，$U_o = 12V$，$I_o = 100mA$，测量输出纹波电压 U_o，记录之。

表 6 – 36　$I_o = 100\text{mA}$

测试值			计算值
U_2/V	U_I/V	U_o/V	S
14			$S_{12} =$
16		12	
18			$S_{23} =$

表 6 – 37　$U_2 = 16\text{V}$

测试值		计算值
I_o/mA	U_o/V	R_o/Ω
空载		$R_{012} =$
15	12	
100		$R_{023} =$

（7）调整过流保护电路。

1）断开工频电源，接上保护回路，再接通工频电源，调节 R_W 及 R_L，使 $U_o = 12\text{V}$，$I_o = 100\text{mA}$，此时保护电路应不起作用。测出 T_3 管各极电位值。

2）逐渐减小 R_L，使 I_o 增加到 120mA，观察 U_o 是否下降，并测出保护起作用时 T_3 管各极的电位值。若保护作用过早或迟后，可改变 R_6 之值进行调整。

3）用导线瞬时短接一下输出端，测量 U_o 值，然后去掉导线，检查电路是否能自动恢复正常工作。

五、实验报告

（1）对表 6 – 35 所测结果进行全面分析，总结桥式整流、电容滤波电路的特点。

（2）根据表 6 – 37 和表 6 – 38 所测数据，计算稳压电路的稳压系数 S 和输出电阻 R_o，并进行分析。

（3）分析讨论实验中出现的故障及其排除方法。

6.5.2　集成稳压器

一、实验目的

（1）研究集成稳压器的特点和性能指标的测试方法。

（2）了解集成稳压器扩展性能的方法。

二、原理说明

随着半导体工艺的发展，稳压电路也制成了集成器件。由于集成稳压器具有体积小、外接线路简单、使用方便、工作可靠和通用性等优点，因此在各种电子设备中应用十分普遍，基本上取代了由分立元件构成的稳压电路。集成稳压器的种类很多，应根据设备对直流电源的要求来进行选择。对于大多数电子仪器、设备和电子电路来说，通常是选用串联线性集成稳压器。而在这种类型的器件中，又以三端式稳压器应用最为广泛。

W7800、W7900 系列三端式集成稳压器的输出电压是固定的，在使用中不能进行调整。W7800 系列三端式稳压器输出正极性电压，一般有 5V，6V，9V，12V，15V，18V，24V 七个档次，输出电流最大可达 1.5A（加散热片）。同类型 78M 系列稳压器的输出电流为 0.5A，78L 系列稳压器的输出电流为 0.1A。若要求负极性输出电压，则可选用 W7900 系列稳压器。

图 6 – 54 为 W7800 系列的外形和接线图。

它有三个引出端：

输入端（不稳定电压输入端）　　　　　标以"1"

输出端（稳定电压输出端）　　　　　　标以"3"

公共端　　　　　　　　　　　　　　　标以"2"

除固定输出三端稳压器外，尚有可调式三端稳压器，后者可通过外接元件对输出电压进行调整，以适应不同的需要。

本实验所用集成稳压器为三端固定正稳压器 W7812，它的主要参数有：输出直流电压 $U_o = +12V$，输出电流 $L = 0.1A$，$M = 0.5A$，电压调整率为 $10mV/V$，输出电阻 $R_o = 0.15\Omega$，输入电压 U_I 的范围为 $15 \sim 17V$。因为一般 U_I 要比 U_o 大 $3 \sim 5V$，才能保证集成稳压器工作在线性区。

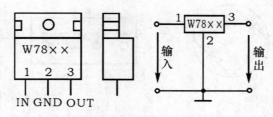

图 6 – 54　W7800 系列外形及接线

图 6 – 55 是用三端式稳压器 W7812 构成的单电源电压输出串联型稳压电源的实验电路图。其中整流部分采用了由四个二极管组成的桥式整流器成品（又称桥堆），型号为 2W06（或 KBP306），内部接线和外部管脚引线如图 6 – 56 所示。滤波电容 C_1，C_2 一般选取几百至几千微法拉。当稳压器距离整流滤波电路比较远时，在输入端必须接入电容器 C_3（数值为 $0.33\mu F$），以抵消线路的电感效应，防止产生自激振荡。输出端电容 C_4（数值为 $0.1\mu F$）用来滤除输出端的高频信号，改善电路的暂态响应。

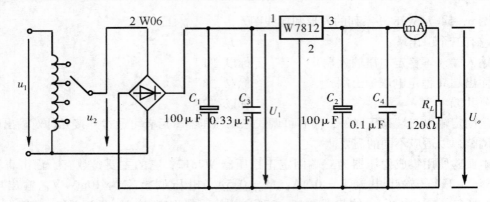

图 6-55　由 W7815 构成的串联型稳压电源

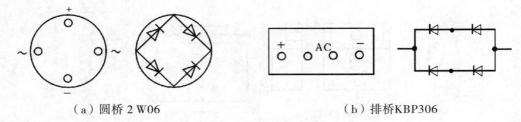

（a）圆桥 2 W06　　　　　　　（b）排桥KBP306

图 6-56　桥堆管脚图

　　图 6-57 为正、负双电压输出电路，例如需要 $U_{01} = +15\text{V}$，$U_{02} = -15\text{V}$，则可选用 W7815 和 W7915 三端稳压器，这时的 U_I 应为单电压输出时的两倍。

　　当集成稳压器本身的输出电压或输出电流不能满足要求时，可通过外接电路来进行性能扩展。图 6-58 是一种简单的输出电压扩展电路。如 W7812 稳压器的 3，2 端间输出电压为 12V，因此只要适当选择 R 的值，使稳压管 D_W 工作在稳压区，则输出电压 $U_o = 12 + U_Z$，可以高于稳压器本身的输出电压。

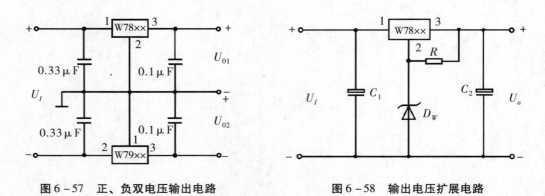

图 6-57　正、负双电压输出电路　　　　　图 6-58　输出电压扩展电路

　　图 6-59 是通过外接晶体管 T 及电阻 R_1 来进行电流扩展的电路。电阻 R_1 的阻值由外接晶体管的发射结导通电压 U_{BE}、三端式稳压器的输入电流 I_i（近似等于三端稳压器的输出电流 I_{01}）和 T 的基极电流 I_B 来决定，即：

$$R_1 = \frac{U_{BE}}{I_R} = \frac{U_{BE}}{I_i - I_B} = \frac{U_{BE}}{I_{01} - \dfrac{I_C}{\beta}}$$

式中，I_C 为晶体管 T 的集电极电流，它应等于 $I_C = I_o - I_{01}$；β 为 T 的电流放大系数；对于锗管 U_{BE} 可按 0.3V 估算，对于硅管 U_{BE} 按 0.7V 估算。

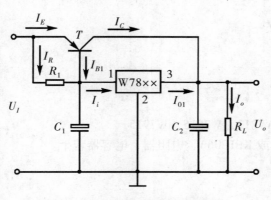

图 6 – 59   输出电流扩展电路

附：

（1）图 6 – 60 为 W7900 系列（输出负电压）外形及接线图。

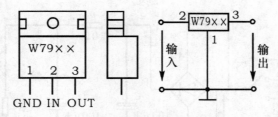

图 6 – 60   W7900 系列外形及接线图

（2）图 6 – 61 为可调输出正三端稳压器 W317 外形及接线图。

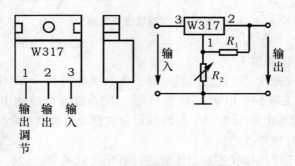

图 6 – 61   W317 外形及接线图

输出电压计算公式： $$U_o \approx 1.25\left(1 + \frac{R_2}{R_1}\right)$$

最大输入电压： $\qquad U_{Im} = 40V$

输出电压范围： $\qquad U_o = 1.2 \sim 37$ （V）

三、实验设备及器件

（1）可调工频电源。

（2）双踪示波器。

（3）交流毫伏表。

（4）直流电压表。

（5）直流毫安表。

（6）三端稳压器 W7812，W7815，W7915。

（7）桥堆 2W06（或 KBP306），电阻器、电容器若干。

四、实验内容

1. 整流滤波电路测试

按图 6－62 连接实验电路，取可调工频电源 14V 电压作为整流电路输入电压 u_2。接通工频电源，测量输出端直流电压 U 及纹波电压 U_L，用示波器观察 u_2，u_L 的波形，把数据及波形记入自拟表格中。

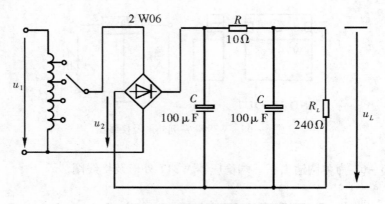

图 6－62　整流滤波电路

2. 集成稳压器性能测试

断开工频电源，按图 6－55 改接实验电路，取负载电阻 $R_L = 120\Omega$。

（1）初测。接通工频 14V 电源，测量 U_2 值；测量滤波电路输出电压 U_I（稳压器输入电压），集成稳压器输出电压 U_o，它们的数值应与理论值大致符合，否则说明电路出了故障。设法查找故障并加以排除。

电路经初测进入正常工作状态后，才能进行各项指标的测试。

（2）各项性能指标测试。

1）输出电压 U_o 和最大输出电流 I_{omax} 的测量。

在输出端接负载电阻 $R_L = 120\Omega$，由于 7812 输出电压 $U_o = 12V$，因此流过 R_L 的电流 $I_{omax} = \dfrac{12}{120} = 100$ （mA）。这时，U_o 应基本保持不变，若变化较大，则说明集成块性能不良。

2）稳压系数 S 的测量。

3）输出电阻 R_o 的测量。

4）输出纹波电压的测量。

五、实验报告

（1）整理实验数据，计算 S 和 R_o，并与手册上的典型值进行比较。

（2）分析讨论实验中发生的现象和问题。

第7章　数字电子技术基础实验

本章主要学习晶体管开关特性及其应用电路的测试，TTL 集成逻辑门、CMOS 逻辑门的逻辑功能及参数测试，集成逻辑电路的连接和驱动，组合逻辑电路、时序逻辑电路、脉冲单元电路、数模转换器和模数转换器的分析及典型应用电路的实现方法。

7.1　集成逻辑门

7.1.1　晶体管开关特性及应用

一、实验目的

（1）观察晶体二极管、三极管的开关特性，了解外电路参数变化对晶体管开关特性的影响。

（2）掌握限幅器和钳位器的基本工作原理。

二、原理说明

1. 晶体二极管的开关特性

由于晶体二极管具有单向导电性，故其开关特性表现在正向导通与反向截止两种不同状态的转换过程。

如图 7 - 1 所示电路，当加在二极管上的电压突然由正向偏置（ + V_1 ）变为反向偏置（ - V_2 ）时，二极管并不立即截止，而是出现一个较大的反向电流 $-\dfrac{V_2}{R}$，并维持一段时间 t_s（称为存贮时间）后，电流开始减小，再经 t_f（称为下降时间）后，反向电流才等于静态特性上的反向电流 I_o，将 t_{rr}（ $t_{rr} = t_s + t_f$ ）称为反向恢复时间。t_{rr} 与二极管的结构有关，PN 结面积小，结电容小，存贮电荷就少，t_s 就短，同时也与正向导通电流和反向电流有关。当管子选定后，减小正向导通电流和增大反向驱动电流，可加速电路的转换过程。

2. 晶体三极管的开关特性

晶体三极管的开关特性是指其从截止到饱和导通，或从饱和导通到截止的转换过程，这种转换都需要一定的时间才能完成。

如图 7 - 2 所示电路的输入端，施加一个足够幅度（在 - V_2 和 + V_1 之间变化）的矩形脉冲电压 v_i 激励信号，就能使晶体管工作在截止与饱和导通两种状态。晶体管 T 的集电极电流 i_C 和输出电压 v_o 的波形不是一个理想的矩形波，其起始部分和平顶部分都延迟了一段时间，其上升沿和下降沿都变得缓慢了，如图 7 - 2 波形所示，从 v_i 开始跃升到 i_C 上升到 $0.1 I_{CS}$，所需时间定义为延迟时间 t_d，而 i_C 从 $0.1 I_{CS}$ 增长到 $0.9 I_{CS}$ 的时间为上升时间

t_r，从 v_i 开始跃降到 i_C 下降到 $0.9I_{CS}$ 的时间为存贮时间 t_S，而 i_C 从 $0.9I_{CS}$ 下降到 $0.1I_{CS}$ 的时间为下降时间 t_f，通常称 $t_{on}=t_d+t_r$ 为三极管开关的"接通时间"，$t_{off}=t_S+t_f$ 称为"断开时间"，形成上述开关特性的主要原因乃是晶体管结电容之故。

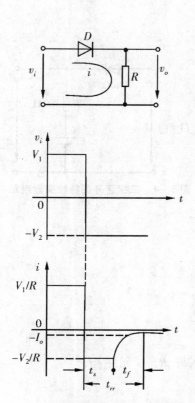

图 7－1　晶体二极管的开关特性

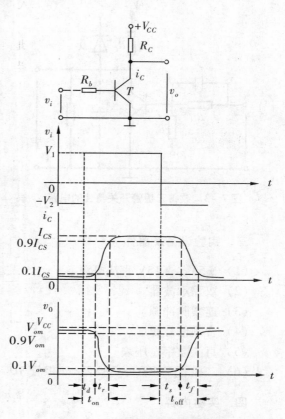

图 7－2　晶极三极管的开关特性

改善晶体三极管开关特性的方法是采用加速电容 C_b 和在晶体管的集电极加二极管 D 箝位，如图 7－3 所示。

C_b 是一个近百 pF 的小电容，当 v_i 正跃变期间，由于 C_b 的存在，R_{b1} 相当于被短路，v_i 几乎全部加到基极上，使 T 迅速进入饱和，t_d 和 t_r 大大缩短。当 v_i 负跃变时，R_{b1} 再次被短路，使 T 迅速截止，也大大缩短了 t_s 和 t_f，可见 C_b 仅在瞬态过程中才起作用，稳态时相当于开路，对电路没有影响。C_b 既加速了晶体管的接通过程，又加速了断开过程，故称之为加速电容，这是一种经济有效的方法，在脉冲电路中得到广泛应用。

箝位二极管 D 的作用是当管子 T 由饱和进入截止时，随着电源对分布电容和负载电容的充电，v_o 逐渐上升。因为 $V_{CC}>E_c$，当 v_o 超过 E_c 后，二极管 D 导通，使 v_o 的最高值被箝位在 E_c，从而缩短 v_o 波形的上升边沿，而且上升边的起始部分又比较陡，所以大大缩短了输出波形的上升时间 t_r。

3. 利用二极管与三极管的非线性特性，可构成限幅器和箝位器

它们均是一种波形变换电路，在实际中均有广泛的应用。二极管限幅器是利用二极管导通时和截止时呈现的阻抗不同来实现限幅，其限幅电平由外接偏压决定。三极管则利用

其截止和饱和特性实现限幅。箝位的目的是将脉冲波形的顶部或底部箝制在一定的电平上。

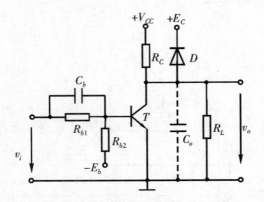 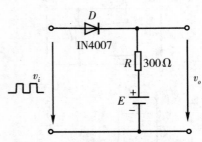

图 7 - 3　改善三极管开关特性的电路　　　　图 7 - 4　二极管开关特性实验电路

三、实验设备及器件

（1）±5V，＋15V 直流电源。

（2）双踪示波器。

（3）连续脉冲源。

（4）音频信号源。

（5）直流数字电压表。

（6）二极管 IN4007，2AK2；三极管 3DG6，3DK2；R，C 元件若干。

四、实验内容

1. 二极管反向恢复时间的观察

按图 7 - 4 接线，E 为偏置电压（0 ~ 2V 可调）。

（1）输入信号 v_i 为频率 $f = 100\text{kHz}$、幅值 $V_m = 3\text{V}$ 方波信号，E 调至 0V，用双踪示波器观察和记录输入信号 v_i 和输出信号 v_o 的波形，并读出存贮时间 t_s 和下降时间 t_f 的值。

（2）改变偏值电压 E（由 0 变到 2V），观察输出波形 v_o 的 t_s 和 t_f 的变化规律，记录结果进行分析。

2. 三极管开关特性的观察

按图 7 - 5 接线，输入 v_i 为 100kHz 方波信号，晶体管选用 3DG6A。

（1）将 B 点接至负电源 $-E_b$，使 $-E_b$ 在 0 ~ -4V 内变化。观察并记录输出信号 v_o 波形的 t_d，t_r，t_s 和 t_f 变化规律。

（2）将 B 点换接在接地点，在 R_{b1} 上并联 1 只 30pF 的加速电容 C_b，观察 C_b 对输出波形的影响，然后将 C_b 更换成 300pF，观察并记录输出波形的变化情况。

（3）去掉 C_b，在输出端接入负载电容 $C_L = 30\text{pF}$，观察并记录输出波形的变化情况。

（4）在输出端再并接一负载电阻 $R_L = 1\text{k}\Omega$，观察并记录输出波形的变化情况。

（5）去掉 R_L，接入限幅二极管 D（2AK2），观察并记录输出波形的变化情况。

3. 二极管限幅器

按图7-6接线，输入 V_i 为 $f = 10\text{kHz}$，$V_{PP} = 4\text{V}$ 的正弦波信号，令 $E = 2\text{V}$，1V，0V，-1V，观察输出波形 v_o，并列表记录。

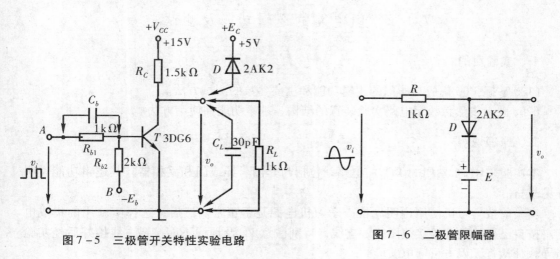

图7-5 三极管开关特性实验电路   图7-6 二极管限幅器

4. 二极管箝位器

按图7-7接线，v_i 为 $f = 10\text{kHz}$ 的方波信号，令 $E = 1\text{V}$，0V，-1V，-3V，观察输出波形，并列表记录。

5. 三极管限幅器

按图7-8接线，v_i 为正弦波，$f = 10\text{kHz}$，V_{PP} 在 $0 \sim 5\text{V}$ 范围内连续可调，在不同的输入信号幅度下，观察输出波形 v_o 的变化情况，并列表记录。

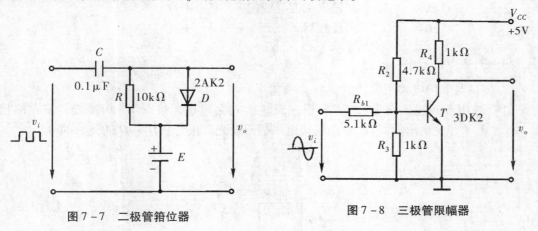

图7-7 二极管箝位器   图7-8 三极管限幅器

五、实验报告

（1）将实验观测到的波形画在方格坐标纸上，并对它们进行分析和讨论。

（2）总结外电路元件参数对二极管、三极管开关特性的影响。

（3）如何由 $+5\text{V}$ 和 -5V 直流稳压电源获得 $+3\text{V} \sim -3\text{V}$ 连续可调的电源？

（4）提高二极管、三极管开关速度的方法有哪些？

（5）在二极管箝位器和限幅器中，若将二极管的极性及偏压的极性反接，输出波形会出现什么变化？

7.1.2　门电路的逻辑功能及测试

一、实验目的

（1）掌握 TTL 集成与非门的逻辑功能和主要参数的测试方法。

（2）进一步熟悉数字电路实验装置的结构、基本功能和使用方法。

二、原理说明

本实验采用 74 系列的 TTL 门电路，包括与非门、异或门和反相器，其逻辑功能说明详见教材。

实验前按学习机使用说明先检查学习机电源是否正常。然后，选择实验用的集成电路。按自己设计的实验接线图接好连线，特别注意 V_{CC} 及地线不能接错。线接好后经实验指导教师检查无误方可通电实验。

三、实验设备及器件

（1）双踪示波器、数字逻辑电路学习机。

（2）器件：

74LS00	二输入端四与非门	2 片
74LS20	四输入端双与非门	1 片
74LS86	二输入端四异或门	1 片
74LS04	六反相器	1 片

四、实验内容

1. 测试与非门电路逻辑功能

（1）选用双四输入与非门 74LS20 一只，插入面包板，按图 7－9 接线，输入端接 $S_1 \sim S_4$（电子开关输出插口），输出端接电平显示发光二极管（$D_1 \sim D_3$ 任意一个）。

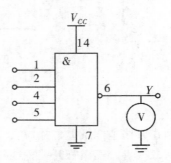

图 7－9　双四输入与非门测试电路

（2）将电平开关按表 7 - 1 置位，分别测输出电压及逻辑状态。

表 7 - 1　输出电压及逻辑状态

输	入			输	出
1	2	3	4	Y	电压/V
H	H	H	H		
L	H	H	H		
L	L	H	H		
L	L	L	H		
L	L	L	L		

2. 测试异或门逻辑功能

（1）选二输入四异或门电路 74LS86，按图 7 - 10 接线，输入端 1，2，4，5 接电平开关，输出端 A，B，Y 接电平显示发光二极管。

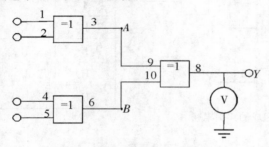

图 7 - 10　二输入四异或门测试电路

（2）将电平开关按表 7 - 2 置位，将结果填入表中。

表 7 - 2　图 7 - 10 电路的测试数据

输	入			输	出	
				A	B	Y
L	L	L	L			
H	L	L	L			
H	H	L	L			
H	H	H	H			
L	H	L	H			

3. 分析逻辑电路的逻辑关系

（1）用 74LS00 分别组成两种实验电路如图 7 - 11，图 7 - 12 所示，将输入输出逻辑关系分别填入表 7 – 3、表 7 – 4 中。

（2）写出图 7 – 3、7 – 4 两个电路的逻辑表达式。

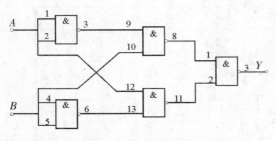

图 7 – 11　用 74LS00 组成的实验电路（1）

表 7 – 3　图 7 – 11 的测试数据

输　　　入		输　　　出
A	B	Y
L	L	
L	H	
H	L	
H	H	

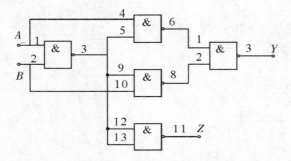

图 7 – 12　用 74LS00 组成的实验电路（2）

表 7 – 4　图 7 – 12 的测试数据

输　　　入		输　　　出	
A	B	Y	Z
L	L		
L	H		
H	L		
H	H		

4. 逻辑门传输延迟时间的测量

用六反相器（非门）按图 7 – 13 接线，输入 80Hz 连续脉冲，用双踪示波器测输入、输出相位差，计算每个门的平均传输延迟时间 $\bar{t}_{pd}$。

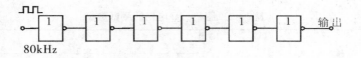

80kHz　　　　　　　　　　　　　　　　输　出

图 7 – 13　六反相器组成的实验电路

5. 利用与非门控制输出

用一片 74LS00 按图 7 – 14 接线，S 接任一电平开关，用示波器观察 S 对输出脉冲的控制作用。

6. 用与非门组成其他门电路并测试验证

（1）用一片二输入端四与非门组成或非门，画出电路图，测试并填入表 7 – 5。

（2）组成异或门。

1）将异或门表达式转化为与非门表达式。

2）画出逻辑电路图。

3）测试并填表7－6。

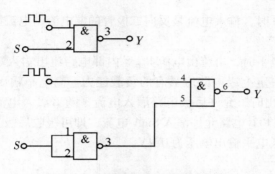

图7－14　利用与非门实现控制功能

表7－5　用与非门实现或非门功能

输入		输出
A	B	Y
0	0	
0	1	
1	0	
1	1	

表7－6　用与非门实现异或门功能

A	B	Y
0	0	
0	1	
1	0	
1	1	

五、实验报告

（1）按各步骤要求填表并画逻辑图。

（2）回答问题：

1）怎样判断门电路逻辑功能是否正常？

2）与非门一个输入接连续脉冲，其余端什么状态时允许脉冲通过？什么状态时禁止脉冲通过？

3）异或门又称可控反相门，为什么？

7.1.3　集成逻辑电路的连接和驱动

一、实验目的

（1）掌握 TTL，CMOS 集成电路输入电路与输出电路的性质。

（2）掌握集成逻辑电路相互连接时应遵守的规则和实际连接方法。

二、原理说明

1. TTL 电路

当输入端为高电平时，输入电流是反向二极管的漏电流，电流极小。其方向是从外部流入输入端。

当输入端处于低电平时，电流由电源 V_{CC} 经内部电路流出输入端，电流较大，当与上一级电路连接时，将决定上级电路应具有的负载能力。高电平输出电压在负载不大时为 3.5V 左右。低电平输出时，允许后级电路灌入电流，随着灌入电流的增加，输出低电平将升高，一般 LS 系列 TTL 电路允许灌入 8mA 电流，即可吸收后级 20 个 LS 系列标准门的灌入电流。最大允许低电平输出电压为 0.4V。

2. CMOS 电路

一般 CMOS 系列的输入阻抗可高达 $10^{10}\Omega$，输入电容在 5pF 以下，输入高电平通常要求在 3.5V 以上，输入低电平通常为 1.5V 以下。因 CMOS 电路的输出结构具有对称性，故对高低电平具有相同的输出能力，负载能力较小，仅可驱动少量的 CMOS 电路。当输出端负载很轻时，输出高电平将十分接近电源电压，输出低电平时将十分接近地电位。

在高速 CMOS 电路 54/74HC 系列中的一个子系列 54/74HCT，其输入电平与 TTL 电路完全相同，因此在相互取代时，不需要考虑电平的匹配问题。

3. 集成逻辑电路的连接

集成逻辑电路连接时，前级电路的输出将与后级电路的输入相连并驱动后级电路工作。因此，就存在着电平的配合和负载能力这两个需要妥善解决的问题。

一般情况下要求：

V_{OH}（前级）$\geq V_{iH}$（后级），V_{OL}（前级）$\leq V_{iL}$（后级）

I_{OH}（前级）$\geq n \times I_{iH}$（后级），I_{OL}（前级）$\geq n \times I_{iL}$（后级），n 为后级门的数目

（1）TTL 与 TTL 的连接。TTL 集成逻辑电路的所有系列，由于电路结构形式相同，不需要外接元件可直接连接，不足之处是受低电平时负载能力的限制。表 7-7 列出了 74 系列 TTL 电路的扇出系数。

表 7-7　74 系列 TTL 电路的扇出系数

	74LS00	74ALS00	7400	74L00	74S00
74LS00	20	40	5	40	5
74ALS00	20	40	5	40	5
7400	40	80	10	40	10
74L00	10	20	2	20	1
74S00	50	100	12	100	12

（2）TTL 驱动 CMOS 电路。TTL 电路驱动 CMOS 电路时，由于 CMOS 电路的输入阻抗高，因此驱动电流一般不会受到限制，但在电平配合问题上，因为 TTL 电路在满载时，输出高电平通常低于 CMOS 电路对输入高电平的要求，因此为保证 TTL 输出高电平时，

后级的 CMOS 电路能可靠工作，通常要外接一个提拉电阻 R，如图 7-15 所示，使输出高电平达到 3.5V 以上，R 的取值为 $2 \sim 6.2\text{k}\Omega$ 较合适，这时 TTL 后级的 CMOS 电路的数目实际上是没有什么限制的。

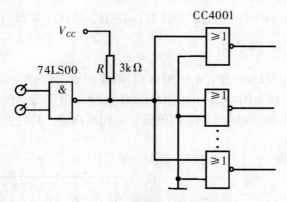

图 7-15　TTL 电路驱动 CMOS 电路

（3）CMOS 驱动 TTL 电路。CMOS 的输出电平能满足 TTL 对输入电平的要求，而驱动电流将受限制，主要是低电平时的负载能力。表 7-8 列出了一般 CMOS 电路驱动 TTL 电路时的扇出系数。要使用此系列又要提高其驱动能力时，可采用以下两种方法：

1）采用 CMOS 驱动器，如 CC4049，CC4050 是专为给出较大驱动能力而设计的 CMOS 电路。

2）几个相同功能的 CMOS 电路并联使用，即将其输入端并联，输出端并联（TTL 电路是不允许并联的）。

表 7-8　CMOS 电路驱动 TTL 电路时的扇出系数

	LS - TTL	L - TTL	TTL	ASL - TTL
CC4001B 系列	1	2	0	2
MC14001B 系列	1	2	0	2
MM74HC 及 74HCT 系列	10	20	2	20

（4）CMOS 与 CMOS 的连接。CMOS 电路之间的连接十分方便，不需另加外接元件。对直流参数来讲，一个 CMOS 电路可带动的 CMOS 电路数量是不受限制的，但在实际使用时，应当考虑后级门输入电容对前级门的传输速度的影响，电容太大时，传输速度要下降，因此在高速使用时要从负载电容来考虑，例如 CC4000T 系列。CMOS 电路在 10MHz 以上速度运用时应限制在 20 个门以下。

三、实验设备及器件

（1）+5V 直流电源。

（2）逻辑电平开关。

（3）逻辑电平显示器。

（4）逻辑笔。

（5）直流数字电压表。

（6）直流毫安表。

（7）74LS00×2，CC4001，74HC00。

（8）电阻：100Ω，470Ω，3kΩ；电位器：47kΩ，10kΩ，4.7kΩ。

四、实验内容

1. 测试 TTL 电路 74LS00 及 CMOS 电路 CC4001 的输出特性

测试电路见图 7－16，图中以与非门 74LS00 为例画出了高、低电平两种输出状态下输出特性的测量方法。改变电位器 R_W 的阻值，从而获得输出特性曲线，R 为限流电阻。

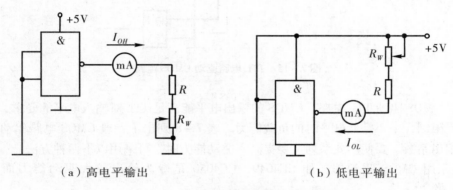

（a）高电平输出　　　　　　　　　　　　（b）低电平输出

图 7－16　与非门电路输出特性测试电路

（1）测试 TTL 电路 74LS00 的输出特性。在实验装置的合适位置选取一个 14P 插座。插入 74LS00，R 取为 100Ω，高电平输出时，R_W 取 47kΩ，低电平输出时，R_W 取 10kΩ，高电平测试时应测量空载到最小允许高电平（2.7V）之间的一系列点；低电平测试时应测量空载到最大允许低电平（0.4V）之间的一系列点。

（2）测试 CMOS 电路 CC4001 的输出特性。测试时 R 取 470Ω，R_W 取 4.7kΩ。高电平测试时，应测量从空载到输出电平降到 4.6V 为止的一系列点；低电平测试时，应测量从空载到输出电平升到 0.4V 为止的一系列点。

2. TTL 电路驱动 CMOS 电路

用 74LS00 的一个门来驱动 CC4001 的四个门，实验电路如图 7－15 所示，R 取 3kΩ。测量连接 3kΩ 与不连接 3kΩ 电阻时 74LS00 的输出高低电平及 CC4001 的逻辑功能，测试逻辑功能时，可用实验装置上的逻辑笔进行测试，逻辑笔的电源 $+V_{CC}$ 接 +5V，其输入口 1NPVT 通过一根导线接至所需的测试点。

3. CMOS 电路驱动 TTL 电路

电路如图 7－17 所示，被驱动的电路用 74LS00 的八个门并联。电路的输入端接逻辑开关输出插口，八个输出端分别接逻辑电平显示的输入插口。先用 CC4001 的一个门来驱动，观测 CC4001 的输出电平和 74LS00 的逻辑功能。

然后将 CC4001 的其余三个门，一个个并联到第一个门上（输入与输入，输出与输出并联），分别观察 CMOS 的输出电平及 74LS00 的逻辑功能。最后用 1/4 74HC00 代替 1/4 CC4001，测试其输出电平及系统的逻辑功能。

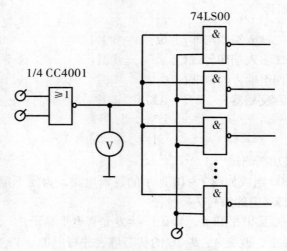

图 7 – 17　CMOS 驱动 TTL 电路

五、实验报告

（1）自拟各实验记录用的数据表格，以及逻辑电平记录表格。

（2）整理实验数据，作出输出特性曲线，并加以分析。

（3）通过本次实验，你对不同集成门电路的连接得出什么结论？

7.2　组合逻辑电路

7.2.1　组合逻辑电路的分析与测试

一、实验目的

（1）掌握组合逻辑电路的功能测试。

（2）验证半加器和全加器的逻辑功能。

（3）学会二进制数的运算规律。

二、原理说明

采用中、小规模集成电路组成的组合逻辑电路是最常见的逻辑电路。

组合逻辑电路的分析就是找出给定组合逻辑电路输出和输入之间的逻辑关系，从而确定电路的逻辑功能，其步骤是：

（1）由给定的逻辑电路图写出输出逻辑函数表达式。

（2）由已写出的输出逻辑函数表达式列出真值表。

（3）从输出逻辑函数表达式或真值表概括出电路的逻辑功能。

三、实验设备及器件

74LS00	二输入端四与非门	3 片
74LS86	二输入端四异或门	1 片
74LS54	四组输入与或非门	1 片
74LS04	六反相器	1 片

四、实验内容

1. 组合逻辑电路功能测试

（1）用两片 74LS00 组成如图 7–18 所示的逻辑电路，为便于接线和检查，在图中要注明芯片编号及各引脚对应的编号。

（2）图中 A，B，C 接电平开关，Y_1，Y_2 接发光管电平显示。

（3）按表 7–9 要求，改变 A，B，C 的状态填表并写出 Y_1，Y_2 逻辑表达式。

（4）将运算结果与实验比较。

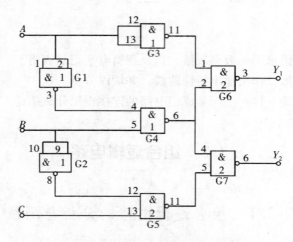

图 7–18　两片 74LS00 组成的组合逻辑电路

表 7–9　逻辑功能测试表

输　　入			输　　出	
A	B	C	Y_1	Y_2
0	0	0		
0	0	1		
0	1	0		
0	1	1		
1	0	0		
1	0	1		
1	1	0		
1	1	1		

2. 测试用异或门（74LS86）和与非门（74LS00）组成的半加器的逻辑功能

根据半加器的逻辑表达式可知，半加器的和输出 Y 是 A，B 的异或，而进位 Z 是 A，B 的相与，故半加器可用一个集成异或门和两个与非门组成图 7 – 19。

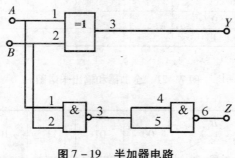

图 7 – 19　半加器电路

（1）在学习机上用异或门和与门连接电路，A，B 接电平开关 S，Y、Z 接电平显示。

（2）按表 7 – 10 要求改变 A，B 状态，填表。

表 7 – 10　半加器逻辑功能

输入端	A	0	0	1	1
	B	0	1	0	1
输出端	Y				
	Z				

3. 测试全加器的逻辑功能

（1）写出图 7 – 20 电路的逻辑表达式。

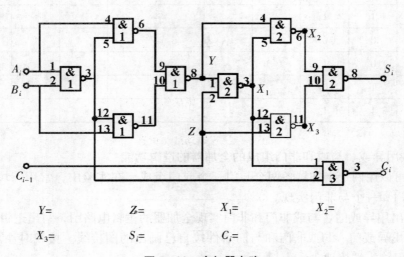

$Y=$　　　　　$Z=$　　　　　$X_1=$　　　　　$X_2=$

$X_3=$　　　　　$S_i=$　　　　　$C_i=$

图 7 – 20　全加器电路

（2）根据逻辑表达式列真值表。

（3）根据真值表画逻辑函数 S_i，C_i 的卡诺图（见图 7-21 和图 7-22）。

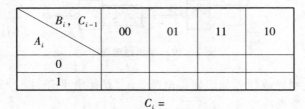

B_i，C_{i-1} A_i	00	01	11	10
0				
1				

$S_i =$

图 7-21　全加器和输出卡诺图

B_i，C_{i-1} A_i	00	01	11	10
0				
1				

$C_i =$

图 7-22　全加器进位输出卡诺图

（4）填写表 7-11 各点状态。

表 7-11　全加器各点输出状态

A_i	B_i	C_{i-1}	Y	Z	X_1	X_2	X_3	S_i	C_i
0	0	0							
0	0	1							
0	1	0							
0	1	1							
1	0	0							
1	0	1							
1	1	0							
1	1	1							

4.　测试用异或、与或和非门组成的全加器的逻辑功能

全加器可以用两个半加器各两个与门一个或门组成，在实验中，常用一块双异或门、一个与或非门和一个与非门实现。

（1）画出用异或门、与或非门和非门实现全加器的逻辑电路图，写出逻辑表达式。

（2）找出异或门、与或非门和与门器件按自己画出的图接线。接线时注意与或非门中不用的与门输入端接地。

（3）当输入端 A_i，B_i 及 C_{i-1} 为表 7-12 所示状态时，用万用表测量 S_i 和 C_i 的电位并将其转为逻辑状态填入表 7-12。

表 7 – 12　全加器真值表

A_i	B_i	C_{i-1}	C_i	S_i
0	0	0		
0	1	0		
1	0	0		
1	1	0		
0	0	1		
0	1	1		
1	0	1		
1	1	1		

五、实验报告

（1）整理实验数据、图表并对实验结果进行分析讨论。

（2）总结半加器和全加器的功能特点。

（3）总结组合逻辑电路的分析方法。

7.2.2　译码器及其应用

一、实验目的

（1）掌握中规模集成译码器的逻辑功能和使用方法。

（2）熟悉数码管的使用。

二、原理说明

译码器是一个多输入、多输出的组合逻辑电路。它的作用是把给定的代码进行"翻译"，变成相应的状态输出。译码器在数字系统中有广泛的用途，不仅用于代码的转换、终端的数字显示，还用于数据分配、存贮器寻址和组合控制信号等。不同的功能可选用不同种类的译码器。

译码器可分为通用译码器和显示译码器两大类。前者又分为变量译码器和代码变换译码器。

1. 变量译码器（又称二进制译码器）

用来表示输入变量的状态，如 2 线 – 4 线、3 线 – 8 线和 4 线 – 16 线译码器。若有 n 个输入变量，则有 2^n 个不同的组合状态，就有 2^n 个输出端供其使用。而每一个输出所代表的函数对应于 n 个输入变量的最小项。

以 3 线 – 8 线译码器 74LS138 为例进行分析，图 7 – 23（a）、（b）分别为其逻辑图及引脚排列，表 7 – 13 为 74LS138 功能表。

表 7 - 13 74LS138 **功能表**

输　　入					输　　出							
S_1	$\bar{S_2}+\bar{S_3}$	A_2	A_1	A_0	$\bar{Y_0}$	$\bar{Y_1}$	$\bar{Y_2}$	$\bar{Y_3}$	$\bar{Y_4}$	$\bar{Y_5}$	$\bar{Y_6}$	$\bar{Y_7}$
1	0	0	0	0	0	1	1	1	1	1	1	1
1	0	0	0	1	1	0	1	1	1	1	1	1
1	0	0	1	0	1	1	0	1	1	1	1	1
1	0	0	1	1	1	1	1	0	1	1	1	1
1	0	1	0	0	1	1	1	1	0	1	1	1
1	0	1	0	1	1	1	1	1	1	0	1	1
1	0	1	1	0	1	1	1	1	1	1	0	1
1	0	1	1	1	1	1	1	1	1	1	1	0
0	×	×	×	×	1	1	1	1	1	1	1	1
×	1	×	×	×	1	1	1	1	1	1	1	1

图 7 - 23 中，A_2，A_1，A_0 为地址输入端，$\bar{Y_0} \sim \bar{Y_7}$ 为译码输出端，S_1，$\bar{S_2}$，$\bar{S_3}$ 为使能端。

当 $S_1=1$，$\bar{S_2}+\bar{S_3}=0$ 时，器件使能，地址码所指定的输出端有信号（为0）输出，其他所有输出端均无信号（全为1）输出。当 $S_1=0$，$\bar{S_2}+\bar{S_3}=X$ 时，或 $S_1=X$，$\bar{S_2}+\bar{S_3}=1$ 时，译码器被禁止，所有输出同时为1。

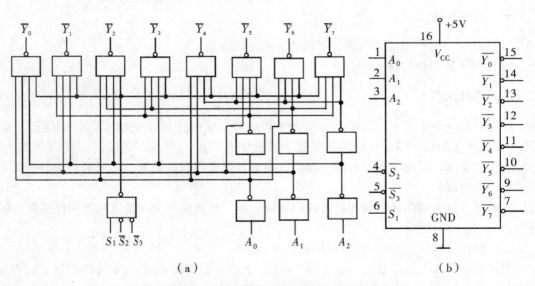

图 7 - 23 3 - 8 线译码器 74LS138 逻辑图及引脚排列

若利用使能端中的一个输入端输入数据信息，就成为一个数据分配器（又称多路分配器），如图 7 - 24 所示。若在 S_1 输入端输入数据信息，$\bar{S_2}=\bar{S_3}=0$，地址码所对应的输出是 S_1 数据信息的反码；若从 $\bar{S_2}$ 端输入数据信息，令 $S_1=1$，$\bar{S_3}=0$，地址码所对应的输出就是 $\bar{S_2}$ 端数据信息的原码。若数据信息是时钟脉冲，则数据分配器便成为时钟脉冲分配器。

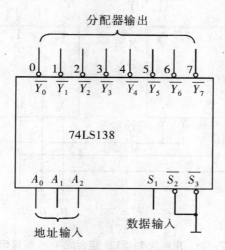

分配器输出

图 7 - 24 数据分配器

根据输入地址的不同组合译出唯一地址，故可用作地址译码器。接成多路分配器，可将一个信号源的数据信息传输到不同的地点。

二进制译码器还能方便地实现逻辑函数，如图 7 - 25 所示，实现的逻辑函数是

$$Z = \overline{A}\,\overline{B}\,\overline{C} + \overline{A}B\overline{C} + A\overline{B}\,\overline{C} + ABC$$

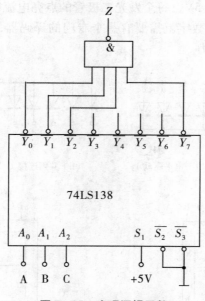

图 7 - 25 实现逻辑函数

利用使能端能方便地将两个 3/8 线译码器组合成一个 4/16 线译码器，如图 7-26 所示。

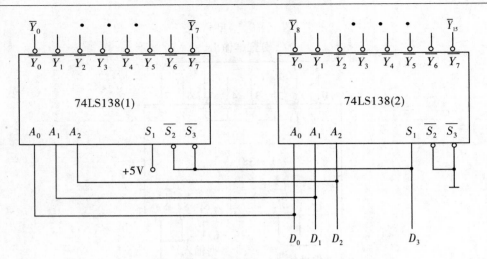

图 7 - 26　用两片 74LS138 组合成 4/16 线译码器

2. 数码显示译码器

（1）七段发光二极管（LED）数码管。LED 数码管是目前最常用的数字显示器，图 7 - 27（a），（b）为共阴管和共阳管的电路，（c）为两种不同出线形式的引出脚功能图。

一个 LED 数码管可用来显示一位 0～9 十进制数和一个小数点。小型数码管（0.5 寸和 0.36 寸）每段发光二极管的正向压降，随显示光（通常为红、绿、黄、橙色）的颜色不同略有差别，通常为 2～2.5V，每个发光二极管的点亮电流在 5～10mA。LED 数码管要显示 BCD 码所表示的十进制数字就需要有一个专门的译码器，该译码器不但要完成译码功能，还要有相当的驱动能力。

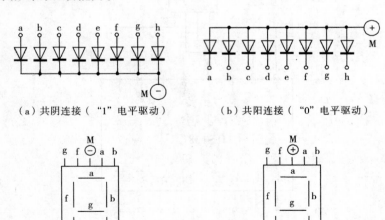

（a）共阴连接（"1"电平驱动）　　　（b）共阳连接（"0"电平驱动）

（c）符号及引脚功能

图 7 - 27　LED 数码管

（2）BCD 码七段译码驱动器。此类译码器型号有 74LS47（共阳），74LS48（共阴），CC4511（共阴）等，本实验系采用 CC4511BCD 码锁存/七段译码/驱动器，功能见表 7-14。

表 7-14　CC4511 功能表

输　入							输　出							显示字形
LE	$\overline{\text{BI}}$	$\overline{\text{LT}}$	D	C	B	A	a	b	c	d	e	f	g	
×	×	0	×	×	×	×	1	1	1	1	1	1	1	日
×	0	1	×	×	×	×	0	0	0	0	0	0	0	消隐
0	1	1	0	0	0	0	1	1	1	1	1	1	0	〇
0	1	1	0	0	0	1	0	1	1	0	0	0	0	｜
0	1	1	0	0	1	0	1	1	0	1	1	0	1	己
0	1	1	0	0	1	1	1	1	1	1	0	0	1	彐
0	1	1	0	1	0	0	0	1	1	0	0	1	1	4
0	1	1	0	1	0	1	1	0	1	1	0	1	1	己
0	1	1	0	1	1	0	0	0	1	1	1	1	1	b
0	1	1	0	1	1	1	1	1	1	0	0	0	0	7
0	1	1	1	0	0	0	1	1	1	1	1	1	1	吕
0	1	1	1	0	0	1	1	1	1	0	0	1	1	q
0	1	1	1	0	1	0	0	0	0	0	0	0	0	消隐
0	1	1	1	0	1	1	0	0	0	0	0	0	0	消隐
0	1	1	1	1	0	0	0	0	0	0	0	0	0	消隐
0	1	1	1	1	0	1	0	0	0	0	0	0	0	消隐
0	1	1	1	1	1	0	0	0	0	0	0	0	0	消隐
0	1	1	1	1	1	1	0	0	0	0	0	0	0	消隐
1	1	1	×	×	×	×	锁存							锁存

注：$\overline{\text{LT}}$——测试输入端，$\overline{\text{LT}}$ = "0" 时，译码输出全为 "1"。$\overline{\text{BI}}$——消隐输入端，$\overline{\text{BI}}$ = "0" 时，译码输出全为 "0"。LE——锁定端，LE = "1" 时译码器处于锁定（保持）状态，译码输出保持在 LE = 0 时的数值，LE = 0 为正常译码。

CC4511 内接有上拉电阻，故只需在输出端与数码管笔段之间串入限流电阻即可工作。译码器还有拒伪码功能，当输入码超过 1001 时，输出全为 "0"，数码管熄灭。

在本数字电路实验装置上已完成了译码器 CC4511 和数码管 BS202 之间的连接。实验时，只要接通 +5V 电源和将十进制数的 BCD 码接至译码器的相应输入端 A，B，C，D 即可显示 0~9 的数字。四位数码管可接受四组 BCD 码输入。CC4511 与 LED 数码管的连接如图 7-28 所示。

三、实验设备及器件

（1）+5V 直流电源。
（2）双踪示波器。
（3）连续脉冲源。
（4）逻辑电平开关。

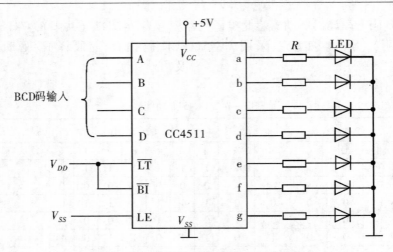

图 7 – 28　CC4511 驱动一位 LED 数码管

（5）逻辑电平显示器。

（6）拨码开关组。

（7）译码显示器。

（8）74LS138 × 2，CC4511。

四、实验内容

1. 数据拨码开关的使用

将实验装置上的四组拨码开关的输出 A_i，B_i，C_i，D_i 分别接至四组显示译码/驱动器 CC4511 的对应输入口，LE，$\overline{BI}$，LT 接至三个逻辑开关的输出插口，接上 +5V 显示器的电源，然后按功能表 7 – 14 输入的要求揿动四个数码的增减键（"+"与"–"键）和操作与 LE，$\overline{BI}$，$\overline{LT}$ 对应的三个逻辑开关，观测拨码盘上的四位数与 LED 数码管显示的对应数字是否一致，以及译码显示是否正常。

2. 74LS138 译码器逻辑功能测试

将译码器使能端 S_1，$\overline{S}_2$，$\overline{S}_3$ 及地址端 A_2，A_1，A_0 分别接至逻辑电平开关输出口，八个输出端 $\overline{Y}_7$，…，$\overline{Y}_0$ 依次连接在逻辑电平显示器的八个输入口上，拨动逻辑电平开关，按表 7 – 13 逐项测试 74LS138 的逻辑功能。

3. 用 74LS138 构成时序脉冲分配器

参照图 7 – 24 和实验原理说明，时钟脉冲 CP 频率约为 10kHz，要求分配器输出端 $\overline{Y}_0$，…，$\overline{Y}_7$ 的信号与 CP 输入信号同相。

画出分配器的实验电路，用示波器观察和记录在地址端 A_2，A_1，A_0 分别取 000 ~ 111 八种不同状态时输出端 $\overline{Y}_0$，…，$\overline{Y}_7$ 的输出波形，注意输出波形与 CP 输入波形之间的相位关系。

4. 用两片 74LS138 组合成一个 4 线 – 16 线译码器，并进行实验。

5. 用 74LS138 组成一个全加器，并进行实验。

五、实验报告

（1）根据实验任务，画出所需的实验线路及记录表格。

（2）画出观察到的波形。

（3）对实验结果进行分析、讨论。

7.2.3　数据选择器及其应用

一、实验目的

（1）掌握中规模集成数据选择器的逻辑功能及使用方法。

（2）学习用数据选择器构成组合逻辑电路的方法。

二、原理说明

数据选择器又叫"多路开关"，在地址码（或叫选择控制）电位的控制下，从几个数据输入中选择一个并将其送到一个公共的输出端，其功能类似一个多掷开关，如图 7 – 29 所示。图中有四路数据 $D_0 \sim D_3$，通过选择控制信号 A_1，A_0（地址码）从四路数据中选中某一路数据送至输出端 Q。

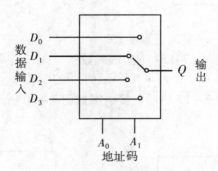

图 7 – 29　四选一数据选择器示意图

1. 八选一数据选择器 74LS151

74LS151 为互补输出的八选一数据选择器，功能如表 7 – 15 所示。选择控制端（地址端）为 $A_2 \sim A_0$，按二进制译码，从 8 个输入数据 $D_0 \sim D_7$ 中，选择一个需要的数据送到输出端 Q，$\overline{S}$ 为使能端，低电平有效。

（1）使能端 $\overline{S} = 1$ 时，不论 $A_2 \sim A_0$ 状态如何，均无输出（$Q = 0$，$\overline{Q} = 1$），多路开关被禁止。

（2）使能端 $\overline{S} = 0$ 时，多路开关正常工作，根据地址码 A_2，A_1，A_0 的状态选择 $D_0 \sim D_7$ 中某一个通道的数据输送到输出端 Q。

如：$A_2 A_1 A_0 = 000$，则选择 D_0 数据到输出端，即 $Q = D_0$。

如：$A_2 A_1 A_0 = 001$，则选择 D_1 数据到输出端，即 $Q = D_1$，其余类推。

2. 双四选一数据选择器 74LS153

所谓双四选一数据选择器就是在一块集成芯片上有两个四选一数据选择器，功能如表 7 – 16 所示。

表 7 – 15　74LS151 功能表

输　　　入				输　　出	
$\overline{S}$	A_2	A_1	A_0	Q	$\overline{Q}$
1	×	×	×	0	1
0	0	0	0	D_0	$\overline{D_0}$
0	0	0	1	D_1	$\overline{D_1}$
0	0	1	0	D_2	$\overline{D_2}$
0	0	1	1	D_3	$\overline{D_3}$
0	1	0	0	D_4	$\overline{D_4}$
0	1	0	1	D_5	$\overline{D_5}$
0	1	1	0	D_6	$\overline{D_6}$
0	1	1	1	D_7	$\overline{D_7}$

表 7 – 16　74LS153 表

输　　入			输　　出
$\overline{S}$	A_1	A_0	Q
1	×	×	0
0	0	0	D_0
0	0	1	D_1
0	1	0	D_2
0	1	1	D_3

3. 数据选择器的应用——实现逻辑函数

例 1：用八选一数据选择器 74LS151 实现函数：

$$F = A\overline{B} + \overline{A}C + B\overline{C}$$

作出函数 F 的功能表，如表 7 – 17 所示，接线图如图 7 – 30 所示。

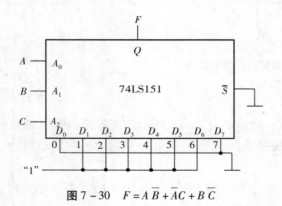

图 7 – 30　$F = A\overline{B} + \overline{A}C + B\overline{C}$

表 7 – 17　例 1 函数 F 的功能表

输　　　入			输　　出
C	B	A	F
0	0	0	0
0	0	1	1
0	1	0	1
0	1	1	1
1	0	0	1
1	0	1	1
1	1	0	1
1	1	1	0

例2：用八选一数据选择器 74LS151 实现函数 $F = A\bar{B} + \bar{A}B$。

（1）列出函数 F 的功能表如表 7 – 18 所示。

（2）将 A，B 加到地址端 A_1，A_0，而 A_2 接地，由表 7 – 18 可见，将 D_1，D_2 接 "1" 及 D_0，D_3 接地，其余数据输入端 $D_4 \sim D_7$ 都接地，则八选一数据选择器的输出 Q，便实现了函数：

$$F = A\bar{B} + \bar{A}B$$

接线图如图 7 – 31 所示。显然，当函数输入变量数小于数据选择器的地址端（A）时，应将不用的地址端及不用的数据输入端（D）都接地。

表 7 – 18　例 2 函数 F 的功能表

B	A	F
0	0	0
0	1	1
1	0	1
1	1	0

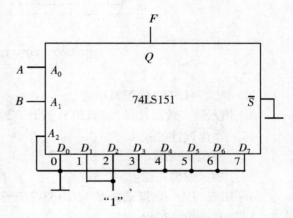

图 7 – 31　$F = A\bar{B} + \bar{A}B$ 的接线图

三、实验设备及器件

（1）+5V 直流电源。

（2）逻辑电平开关。

（3）逻辑电平显示器。

（4）74LS151（或 CC4512）、74LS153（或 CC4539），（74LS04）（六反相器）。

四、实验内容

1. 测试数据选择器 74LS151 的逻辑功能

按图 7 – 32 接线，地址端 A_2，A_1，A_0，数据端 $D_0 \sim D_7$，使能端 $\bar{S}$ 接逻辑开关，输出端 Q 接逻辑电平显示器，按 74LS151 功能表逐项进行测试，记录测试结果。

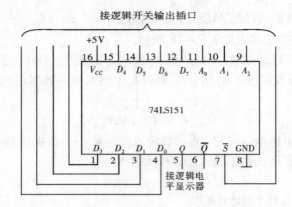

图 7 - 32　74LS151 逻辑功能测试

2. 测试 74LS153 的逻辑功能

3. 用八选一数据选择器 74LS151 设计三输入多数表决电路

（1）写出设计过程。

（2）画出接线图。

（3）验证逻辑功能。

4. 用双四选一数据选择器 74LS153 实现全加器。

（1）写出设计过程。

（2）画出接线图。

（3）验证逻辑功能。

5. 用八选一数据选择器 74LS151 组成四位奇校验电路。

（1）写出设计过程。

（2）画出接线图。

（3）验证逻辑功能。

五、实验报告

用数据选择器对实验内容进行设计，写出设计全过程，画出接线图，进行逻辑功能测试；总结实验收获、体会。

7.2.4　MSI 加法器及其应用

一、实验目的

通过实验进一步了解和熟悉中规模组合逻辑电路 MSI 加法器的功能及其应用电路，学会正确使用这些芯片。

二、原理说明

74LS283 芯片的逻辑符号如图 7 - 33 所示。图中 $A_4 \sim A_1$，$B_4 \sim B_1$ 为四位二进制数，

作为加数，C_0 为低位进位。$\sum_1 \sim \sum_4$ 为加法器的和，C_i 为本位的进位。

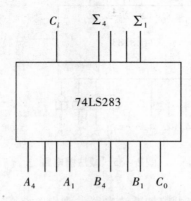

图 7 – 33　74LS283 芯片的逻辑符号

三、实验设备及器件

74LS283	四位二进制全加器	3 片
74LS04	六反相器	1 片
74LS86	二输入四异或门	1 片

四、实验内容

1. 四位超前进位全加器 74LS283 功能测试

输入任意四组不同的二进制数，验证此芯片的功能，并将记录的数据列成表格的形式。

2. 74LS283 芯片的应用电路。用 74LS283 芯片构成的码制变换电路如图 7 – 34 所示。图中 DCBA 端输入 8421BCD 码。观察芯片的输出 $Y_4Y_3Y_2Y_1$ 相应的状态。说明此电路实现哪种码制的变换？

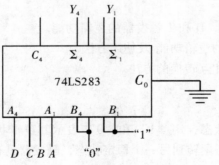

图 7 – 34　码制变换电路

3. 用 74LS283 芯片构成四位二进制减法电路如图 7 – 35 所示 $a_4a_3a_2a_1$，为被减数。$b_4b_3b_2b_1$，为减数，观察芯片输出 $c_4\sum_4\sum_3\sum_2\sum_1$ 的状态并记录之。

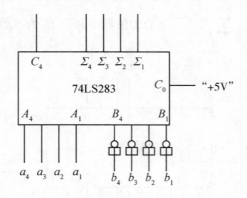

图7－35　减法器电路

4. 试用 74LS283 构成四位可控加减法电路，画出电路图。

提示：可附加其他逻辑门，增加一控制端 M。使得 $M=0$ 加法，$M=1$ 减法。

五、实验报告

（1）自拟实验表格，整理实验数据。

（2）全加器的含义是什么？图7－36所示电路的功能若改用异或门 74LS86 来实现，则电路应怎样连接？画出电路图。

7.3　时序逻辑电路

7.3.1　触发器及其应用

一、实验目的

（1）掌握基本 RS，JK，D 和 T 触发器的逻辑功能。
（2）掌握集成触发器的逻辑功能 及使用方法。
（3）熟悉触发器之间相互转换的方法。

二、原理说明

触发器具有两个稳定状态，用"1"和"0"表示其逻辑状态，在一定的外界信号作用下，可以从一个稳定状态翻转到另一个稳定状态，触发器具有记忆功能，是构成各种时序电路的最基本逻辑单元。

1. 基本 RS 触发器

图7－36所示的是两个与非门交叉耦合构成的基本 RS 触发器。基本 RS 触发器具有置"0"、置"1"和"保持"三种功能。通常称 $\bar{S}$ 为置"1"端，$\bar{R}$ 为置"0"端，当 $\bar{S}=\bar{R}=1$ 时状态保持，$\bar{S}=\bar{R}=0$ 时，触发器状态不定。表7－19为基本 RS 触发器的功能表。

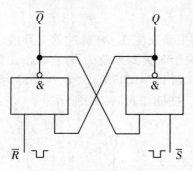

图 7-36　基本 RS 触发器

表 7-19　基本 RS 触发器功能表

输入		输出	
$\overline{S}$	$\overline{R}$	Q^{n+1}	$\overline{Q}^{n+1}$
0	1	1	0
1	0	0	1
1	1	Q^n	$\overline{Q}^n$
0	0	Φ	Φ

2. JK 触发器

本实验采用 74LS112 双 JK 触发器，是下降边沿触发的边沿触发器。引脚功能及逻辑符号如图 7-37 所示。JK 触发器的状态方程为：$Q^{n+1} = J\overline{Q}^n + \overline{K}Q^n$，下降沿触发 JK 触发器的功能如表 7-20 所示。

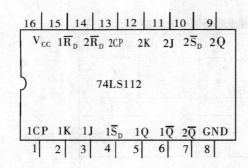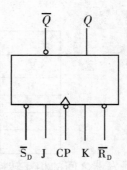

图 7-37　74LS112 双 JK 触发器引脚排列及逻辑符号

表 7-20　JK 触发器功能表

输　入					输　出	
$\overline{S}_D$	$\overline{R}_D$	CP	J	K	Q^{n+1}	$\overline{Q}^{n+1}$
0	1	×	×	×	1	0
1	0	×	×	×	0	1
0	0	×	×	×	Φ	Φ
1	1	↓	0	0	Q^n	$\overline{Q}^n$
1	1	↓	1	0	1	0
1	1	↓	0	1	0	1
1	1	↓	1	1	$\overline{Q}^n$	Q^n
1	1	↑	×	×	Q^n	$\overline{Q}^n$

注：×——任意态；↓——高到低电平跳变；↑——低到高电平跳变；
Q^n（$\overline{Q}^n$）——现态；Q^{n+1}（$\overline{Q}^{n+1}$）——次态；Φ——不定态。

3. D 触发器

D 触发器的状态方程为 $Q^{n+1} = D$，其输出状态的更新发生在 CP 脉冲的上升沿，故又称为上升沿触发的边沿触发器，触发器的状态只取决于时钟到来前 D 端的状态。有很多种型号可供各种用途的需要而选用，如双 D 74LS74、四 D 74LS175、六 D 74LS174 等。

图 7－38 为双 D 74LS74 的引脚排列及逻辑符号。功能如表 7－21 所示。

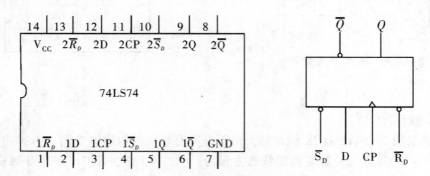

图 7－38　74LS74 引脚排列及逻辑符号

表 7－21　D 触发器功能表功能表

输　　入				输　　出
$\overline{S}_D$	$\overline{R}_D$	CP	T	Q^{n+1}
0	1	×	×	1
1	0	×	×	0
1	1	↓	0	Q^n
1	1	↓	1	$\overline{Q}^n$

4. 触发器之间的相互转换

在集成触发器的产品中，每一种触发器都有自己固定的逻辑功能。根据需要可以利用转换的方法获得具有其他功能的触发器。例如，将 JK 触发器的 J，K 两端连在一起，并认它为 T 端，就得到所需的 T 触发器，如图 7－39（a）所示，其状态方程为：

$$Q^{n+1} = T\overline{Q}^n + \overline{T}Q^n$$

T 触发器的功能如表 7－22 所示。

表 7－22　T 触发器功能表

输　　入				输　　出	
$\overline{S}_D$	$\overline{R}_D$	CP	T	Q^{n+1}	$\overline{Q}^{n+1}$
0	1	×	×	1	0
1	0	×	×	0	1
0	0	×	×	Φ	Φ
1	1	↑	1	$\overline{Q}^n$	Q^n
1	1	↑	0	Q^n	$\overline{Q}^n$
1	1	↓	×	Q^n	$\overline{Q}^n$

由功能表可见，当 $T=0$ 时，时钟脉冲作用后，其状态保持不变；当 $T=1$ 时，时钟脉冲作用后，触发器状态翻转。所以，若将 T 触发器的 T 端置"1"，如图 7-39(b) 所示，即得 T'触发器。在 T'触发器的 CP 端每来一个 CP 脉冲信号，触发器的状态就翻转一次，故称之为翻转触发器，广泛用于计数电路中。

同样，若将 D 触发器 $\overline{Q}$ 端与 D 端相连，便转换成 T'触发器，如图 7-40 所示。

JK 触发器也可转换为 D 触发器，如图 7-41 所示。

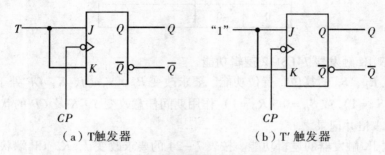

图 7-39　JK 触发器转换为 T，T'触发器

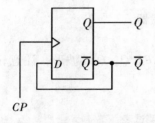

图 7-40　DFF 转换成 T'FF

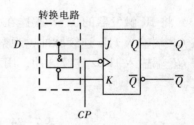

图 7-41　JKFF 转换成 DFF

三、实验设备及器件

（1）　+5V 直流电源。
（2）双踪示波器。
（3）连续脉冲源。
（4）单次脉冲源。
（5）逻辑电平开关。
（6）逻辑电平显示器。
（7）74LS112（或 CC4027）、74LS00（或 CC4011）、74LS74（或 CC4013）。

四、实验内容

1. 测试基本 RS 触发器的逻辑功能

按图 7-36，用两个与非门组成基本 RS 触发器，输入端 $\overline{R}$，$\overline{S}$ 接逻辑开关的输出插口，输出端 Q，$\overline{Q}$ 接逻辑电平显示输入插口，按表 7-23 要求测试，记录之。

表 7 – 23 基本 RS 触发器逻辑功能测试表

$\overline{R}$	$\overline{S}$	Q	$\overline{Q}$
1	1→0		
	0→1		
1→0	1		
0→1			
0	0		

2. 测试双 JK 触发器 74LS112 逻辑功能

（1）测试 $\overline{R}_D$，$\overline{S}_D$ 的复位、置位功能。要求改变 $\overline{R}_D$，$\overline{S}_D$（J，K，CP 处于任意状态），并在 $\overline{R}_D = 0$（$\overline{S}_D = 1$）或 $\overline{S}_D = 0$（$\overline{R}_D = 1$）作用期间任意改变 J，K 及 CP 的状态，观察 Q，$\overline{Q}$ 状态，自拟表格并记录之。

（2）测试 JK 触发器的逻辑功能。按表 7 – 24 的要求改变 J，K，CP 端状态，观察 Q，$\overline{Q}$ 状态变化，观察触发器状态更新是否发生在 CP 脉冲的下降沿（即 CP 由 1→0），记录之。

（3）将 JK 触发器的 J，K 端连在一起，构成 T 触发器。

在 CP 端输入 1Hz 连续脉冲，观察 Q 端的变化。

在 CP 端输入 1kHz 连续脉冲，用双踪示波器观察 CP，Q，$\overline{Q}$ 端波形，注意相位关系，描绘之。

表 7 – 24 JK 触发器逻辑功能测试表

J	K	CP	Q^{n+1}	
			$Q^n = 0$	$Q^n = 1$
0	0	0→1		
		1→0		
0	1	0→1		
		1→0		
1	0	0→1		
		1→0		
1	1	0→1		
		1→0		

3. 测试双 D 触发器 74LS74 的逻辑功能

（1）测试 $\overline{R}_D$、$\overline{S}_D$ 的复位、置位功能。

测试方法同实验内容 2（1），自拟表格记录。

（2）测试 D 触发器的逻辑功能。按表 7 – 25 要求进行测试，并观察触发器状态更新是否发生在 CP 脉冲的上升沿（即由 0→1），记录之。

表 7-25　D 触发器逻辑功能测试表

D	CP	Q^{n+1}	
		$Q^n = 0$	$Q^n = 1$
0	0→1		
	1→0		
1	0→1		
	1→0		

（3）将 D 触发器的 $\overline{Q}$ 端与 D 端相连接，构成 T′触发器。

测试方法同实验内容（2）、（3），记录之。

4. 双相时钟脉冲电路

用 JK 触发器及与非门构成的双相时钟脉冲电路如图 7-42 所示，此电路是用来将时钟脉冲 CP 转换成两相时钟脉冲 CP_A 及 CP_B，其频率相同、相位不同。

分析电路工作原理，并按图 7-42 接线，用双踪示波器同时观察 CP、CP_A，CP、CP_B 及 CP_A、CP_B 波形，并描绘之。

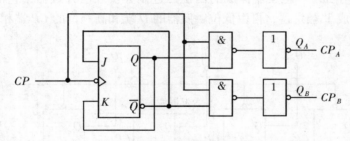

图 7-42　双相时钟脉冲电路

5. 乒乓球练习电路

电路功能要求：模拟两名运动员在练球时，乒乓球能往返运转。

提示：采用双 D 触发器 74LS74 设计实验线路，两个 CP 端触发脉冲分别由两名运动员操作，两个触发器的输出状态用逻辑电平显示器显示。

五、实验报告

（1）列出各触发器功能测试表格。

（2）按实验内容 4、5 的要求设计线路，拟定实验方案。

（3）列表整理各类触发器的逻辑功能。

（4）总结观察到的波形，并说明触发器的触发方式。

（5）体会触发器的应用。

（6）利用普通的机械开关组成的数据开关所产生的信号是否可作为触发器的时钟脉冲信号？为什么？是否可以用作触发器的其他输入端的信号？又是为什么？

7.3.2　计数器及其应用

一、实验目的

（1）掌握常用时序电路的分析方法。

（2）掌握中规模集成计数器的逻辑功能和各控制端作用。

（3）运用集成计数计构成 $1/N$ 分频器。

二、原理说明

计数器是一个用以实现计数功能的时序部件，它不仅可以用来计数，还常用作数字系统的定时、分频和执行数字运算以及其他特定的逻辑功能。

计数器种类很多。根据构成计数器中各触发器的时钟脉冲引入方式，可分为同步计数器和异步计数器。根据计数制的不同，可分为二进制计数器和非二进制计数器。根据计数的增减趋势，又可分为加法、减法和可逆计数器。还有可预置数和可编程序功能计数器等等。

1. 用 D 触发器构成异步二进制加/减计数器

图 7 - 43 是用四只 D 触发器构成的四位二进制异步加法计数器，它的连接特点是将每只 D 触发器接成 T′ 触发器，再由低位触发器的 $\overline{Q}$ 端和高一位的 CP 端相连接。

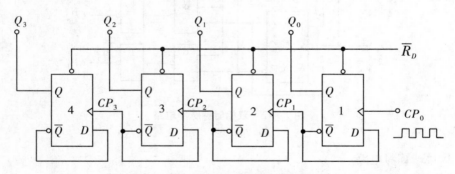

图 7 - 43　四位二进制异步加法计数器

若将图 7 - 43 稍加改动，即将低位触发器的 Q 端与高一位的 CP 端相连接，即构成了一个四位二进制减法计数器。

2. 中规模十进制计数器

CC40192 是同步十进制可逆计数器，具有双时钟输入，并具有清除和置数等功能，其引脚排列及逻辑符号如图 7 - 44 所示。

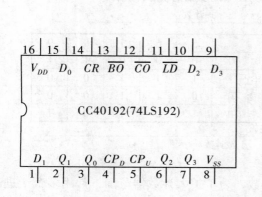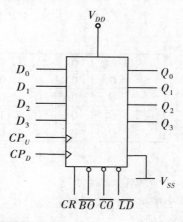

图 7 - 44　CC40192 引脚排列及逻辑符号

注：$\overline{LD}$——置数端；CP_U——加计数端；CP_D——减计数端；
　　$\overline{CO}$——非同步进位输出端；$\overline{BO}$——非同步借位输出端；
　　D_0，D_1，D_2，D_3——计数器输入端；Q_0，Q_1，Q_2，Q_3——数据输出端；CR——清除端。

CC40192（同 74LS192，二者可互换使用）的功能如表 7 - 26 所示，说明如下：

表 7 - 26　CC40192 功能表

输　　　　入								输　　　出			
CR	$\overline{LD}$	CP_U	CP_D	D_3	D_2	D_1	D_0	Q_3	Q_2	Q_1	Q_0
1	×	×	×	×	×	×	×	0	0	0	0
0	0	×	×	d	c	b	a	d	c	b	a
0	1	↑	1	×	×	×	×	加计数			
0	1	1	↑	×	×	×	×	减计数			

当清除端 CR 为高电平"1"时，计数器直接清零；CR 置低电平则执行其他功能。

当 CR 为低电平，置数端 $\overline{LD}$ 也为低电平时，数据直接从置数端 D_0，D_1，D_2，D_3 置入计数器。

当 CR 为低电平，$\overline{LD}$ 为高电平时，执行计数功能。执行加计数时，减计数端 CP_D 接高电平，计数脉冲由 CP_U 输入；在计数脉冲上升沿进行 8421 码十进制加法计数。执行减计数时，加计数端 CP_U 接高电平，计数脉冲由减计数端 CP_D 输入。表 7 - 27 为 8421 码十进制加、减计数器的状态转换表。

表 7 - 27   8421 码十进制加、减计数器的状态转换表

加计数 →

输入脉冲数		0	1	2	3	4	5	6	7	8	9
输出	Q_3	0	0	0	0	0	0	0	0	1	1
	Q_2	0	0	0	0	1	1	1	1	0	0
	Q_1	0	0	1	1	0	0	1	1	0	0
	Q_0	0	1	0	1	0	1	0	1	0	1

← 减计数

3. 计数器的级联使用

一个十进制计数器只能表示 0 ~ 9 十个数，为了扩大计数器范围，常用多个十进制计数器级联使用。

同步计数器往往设有进位（或借位）输出端，故可选用其进位（或借位）输出信号驱动下一级计数器。

图 7 - 45 是由 CC40192 利用进位输出 $\overline{CO}$ 控制高一位的 CP_U 端构成的加数级联图。

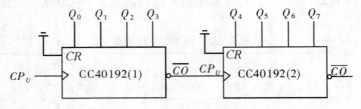

图 7 - 45   CC40192 级联电路

4. 实现任意进制计数

（1）用复位法获得任意进制计数器。假定已有 N 进制计数器，而需要得到一个 M 进制计数器时，只要 $M < N$，用复位法使计数器计数到 M 时置"0"，即获得 M 进制计数器。图 7 - 46 为一个由 CC40192 十进制计数器接成的六进制计数器。

（2）利用预置功能获得 M 进制计数器。图 7 - 47 为用三个 CC40192 组成的 421 进制计数器。

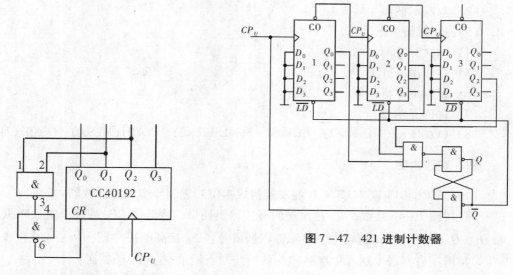

图 7-47　421 进制计数器

图 7-46　六进制计数器

　　外加的由与非门构成的锁存器可以克服器件计数速度的离散性，保证在反馈置 "0"
信号作用下计数器可靠置 "0"。

　　图 7-48 是一个特殊十二进制的计数器电路方案。在数字钟里，对时位的计数序列是
1，2，…，11，12，1，…是十二进制的，且无 0 数。如图 7-48 所示，当计数到 13 时，
通过与非门产生一个复位信号，使 CC40192（2）〔时十位〕直接置成 0000，而 CC40192
（1），即时的个位直接置成 0001，从而实现了 1～12 计数。

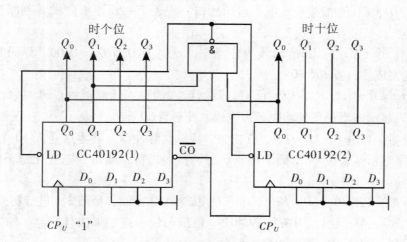

图 7-48　特殊十二进制计数器

三、实验设备及器件

（1）+5V 直流电源。

（2）双踪示波器。

（3）连续脉冲源。

（4）单次脉冲源。

（5）逻辑电平开关。

（6）逻辑电平显示器。

（7）译码显示器。

（8）CC4013×2(74LS74×2)、CC40192×3(74LS192×3)、CC4011(74LS00)、CC4012(74LS20)。

四、实验内容

（1）用 CC4013 或 74LS74 D 触发器构成 4 位二进制异步加法计数器。

1）按图 7-43 接线，$\overline{R_D}$ 接至逻辑开关输出插口，将低位 CP_0 端接单次脉冲源，输出端 Q_3，Q_2，Q_1，Q_0 接逻辑电平显示输入插口，各 $\overline{S_D}$ 接高电平"1"。

2）清零后，逐个送入单次脉冲，观察并列表记录 $Q_3 \sim Q_0$ 的状态。

3）将单次脉冲改为 1Hz 的连续脉冲，观察 $Q_3 \sim Q_0$ 的状态。

4）将 1Hz 的连续脉冲改为 1kHz，用双踪示波器观察 CP，Q_3，Q_2，Q_1，Q_0 端波形，描绘之。

5）将图 7-43 电路中的低位触发器的 Q 端与高一位的 CP 端相连接，构成减法计数器，按实验内容 2），3），4）进行实验，观察并列表记录 $Q_3 \sim Q_0$ 的状态。

（2）测试 CC40192 或 74LS192 同步十进制可逆计数器的逻辑功能。

计数脉冲由单次脉冲源提供，清除端 CR，置数端 $\overline{LD}$，数据输入端 D_3，D_2，D_1，D_0 分别接逻辑开关，输出端 Q_3，Q_2，Q_1，Q_0 接实验设备及器件的一个译码显示输入相应插口 A，B，C，D；$\overline{CO}$ 和 $\overline{BO}$ 接逻辑电平显示插口。按表 7-26 逐项测试并判断该集成块的功能是否正常。

1）清除。令 $CR=1$，其他输入为任意态，这时 $Q_3Q_2Q_1Q_0=0000$，译码数字显示为 0。清除功能完成后，置 $CR=0$。

2）置数。$CR=0$，CP_U，CP_D 任意，数据输入端输入任意一组二进制数，令 $\overline{LD}=0$，观察计数译码显示输出，预置功能是否完成，此后置 $\overline{LD}=1$。

3）加计数。$CR=0$，$\overline{LD}=CP_D=1$，CP_U 接单次脉冲源。清零后送入 10 个单次脉冲，观察译码数字显示是否按 8421 码十进制状态转换表进行，输出状态变化是否发生在 CP_U 的上升沿。

4）减计数。$CR=0$，$\overline{LD}=CP_U=1$，CP_D 接单次脉冲源。参照 3）进行实验。

（3）如图 7-45 所示，用两片 CC40192 组成两位十进制加法计数器，输入 1Hz 连续计数脉冲，进行由 00~99 累加计数，记录之。

（4）将两位十进制加法计数器改为两位十进制减法计数器，实现由 99~00 递减计数，记录之。

（5）按图 7-46 电路进行实验，记录之。说明该计数器采用的是什么设计方法。

（6）按图 7-47 或图 7-48 进行实验，记录之。

（7）将图 7-45 改为 60 进制加法计数器进行实验，记录之。

五、实验报告

（1）绘出各实验内容的详细线路图。

（2）拟出各实验内容所需的测试记录表格。

（3）查手册，给出并熟悉实验所用各集成块的引脚排列图。

（4）画出实验线路图，记录、整理实验现象及实验所得的有关波形。对实验结果进行分析。

7.3.3　移位寄存器及其应用

一、实验目的

（1）掌握中规模 4 位双向移位寄存器逻辑功能及使用方法。

（2）熟悉移位寄存器的应用——实现数据的串行、并行转换和构成环形计数器。

二、原理说明

（1）移位寄存器是一个具有移位功能的寄存器，是指寄存器中所存的代码能够在移位脉冲的作用下依次左移或右移。按代码的移位方向可分为左移、右移和可逆移位寄存器，只需要改变左移、右移的控制信号便可实现双向移位要求。根据移位寄存器存取信息的方式不同，又可分为串入串出、串入并出、并入串出、并入并出四种形式。

本实验选用的 4 位双向通用移位寄存器，型号为 CC40194 或 74LS194，两者功能相同，可互换使用，功能如表 7-28 所示。

（2）移位寄存器应用很广，可构成移位寄存器型计数器，顺序脉冲发生器，串行累加器，可用作数据转换，即把串行数据转换为并行数据，或把并行数据转换为串行数据等。本实验研究移位寄存器用作环形计数器和数据的串、并行转换。

表 7-28　CC40194 功能表

功能	输入										输出			
	CP	$\overline{C_R}$	S_1	S_0	S_R	S_L	D_0	D_1	D_2	D_3	Q_0	Q_1	Q_2	Q_3
清除	×	0	×	×	×	×	×	×	×	×	0	0	0	0
送数	↑	1	1	1	×	×	a	b	c	d	a	b	c	d
右移	↑	1	0	1	D_{SR}	×	×	×	×	×	D_{SR}	Q_0	Q_1	Q_2
左移	↑	1	1	0	×	D_{SL}	×	×	×	×	Q_1	Q_2	Q_3	D_{SL}
保持	↑	1	0	0	×	×	×	×	×	×	Q_0^n	Q_1^n	Q_2^n	Q_3^n
保持	↓	1	×	×	×	×	×	×	×	×	Q_0^n	Q_1^n	Q_2^n	Q_3^n

1）环形计数器。把移位寄存器的输出反馈到它的串行输入端，就可以进行循环移位，如图 7-49 所示，把输出端 Q_3 和右移串行输入端 S_R 相连接，设初始状态 $Q_0Q_1Q_2Q_3$

=1000，则在时钟脉冲作用下 $Q_0 Q_1 Q_2 Q_3$ 将依次变为 0100→0010→0001→1000→…，如表 7 – 29 所示，可见它是一个具有四个有效状态的计数器，这种类型的计数器通常称为环形计数器。图 7 – 49 电路可以由各个输出端输出在时间上有先后顺序的脉冲，因此也可作为顺序脉冲发生器。其状态表如表 7 – 29 所示。如果将输出 Q_0 与左移串行输入端 S_L 相连接，即可达左移循环移位。

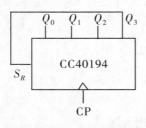

图 7 – 49 环形计数器

表 7 – 29 环形计数器状态表

CP	Q_0	Q_1	Q_2	Q_3
0	1	0	0	0
1	0	1	0	0
2	0	0	1	0
3	0	0	0	1

2）实现数据串、并行转换。

第一，串行/并行转换器。串行/并行转换是指串行输入的数码，经转换电路之后变换成并行输出。图 7 – 50 是用两片 CC40194（74LS194）四位双向移位寄存器组成的七位串/并行数据转换电路。电路中 S_0 端接高电平 1，S_1 受 Q_7 控制，两片寄存器连接成串行输入右移工作模式。Q_7 是转换结束标志。当 $Q_7 = 1$ 时，S_1 为 0，使之成为 $S_1 S_0 = 01$ 的串入右移工作方式；当 $Q_7 = 0$ 时，$S_1 = 1$，有 $S_1 S_0 = 10$，则串行送数结束，标志着串行输入的数据已转换成并行输出了。

第二，并行/串行转换器。并行/串行转换器是指并行输入的数码经转换电路之后，换成串行输出。

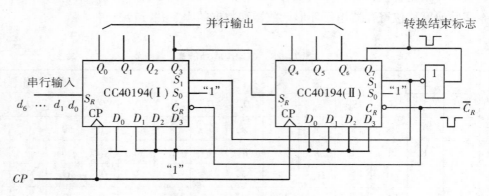

图 7 – 50 七位串行/并行转换器

串行/并行转换的具体过程如下：

转换前，$\overline{C_R}$ 端加低电平，使 1，2 两片寄存器的内容清零，此时 $S_1 S_0 = 11$，寄存器执行并行输入工作方式。当第一个 CP 脉冲到来后，寄存器的输出状态 $Q_0 \sim Q_7$ 为 01111111，与此同时 $S_1 S_0$ 变为 01，转换电路变为执行串入右移工作方式，串行输入数据由 1 片的 S_R

端加入。随着 CP 脉冲的依次加入，输出状态的变化可列成表 7 – 30。

表 7 – 30　串行/并行转换器状态表

CP	Q_0	Q_1	Q_2	Q_3	Q_4	Q_5	Q_6	Q_7	说明
0	0	0	0	0	0	0	0	0	清零
1	0	1	1	1	1	1	1	1	送数
2	d_0	0	1	1	1	1	1	1	
3	d_1	d_0	0	1	1	1	1	1	右移操作七次
4	d_2	d_1	d_0	0	1	1	1	1	
5	d_3	d_2	d_1	d_0	0	1	1	1	
6	d_4	d_3	d_2	d_1	d_0	0	1	1	
7	d_5	d_4	d_3	d_2	d_1	d_0	0	1	
8	d_6	d_5	d_4	d_3	d_2	d_1	d_0	0	
9	0	1	1	1	1	1	1	1	送数

由表 7 – 30 可见，右移操作七次之后，Q_7 变为 0，S_1S_0 又变为 11，说明串行输入结束。这时，串行输入的数码已经转换成了并行输出。

当再来一个 CP 脉冲时，电路又重新执行一次并行输入，为第二组串行数码转换做好了准备。

图 7 – 51 是用两片 CC40194（74LS194）组成的七位并行/串行转换电路，它比图 7 – 50 多了两只与非门 G_1 和 G_2，电路工作方式同样为右移。

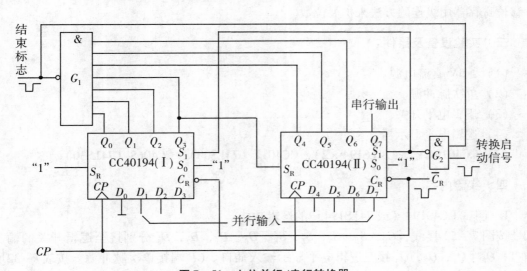

图 7 – 51　七位并行/串行转换器

寄存器清 "0" 后，加一个转换启动信号（负脉冲或低电平）。此时，由于方式控制 S_1S_0 为 11，转换电路执行并行输入操作。当第一个 CP 脉冲到来后，$Q_0Q_1Q_2Q_3Q_4Q_5Q_6Q_7$ 的状态为 $0D_1D_2D_3D_4D_5D_6D_7$，并行输入数码存入寄存器。从而使得 G_1 输出为 1，G_2 输出为 0，结果，S_1S_2 变为 01，转换电路随着 CP 脉冲的加入，开始执行右移串行输出，随着

CP 脉冲的依次加入，输出状态依次右移，待右移操作七次后，$Q_0 \sim Q_6$ 的状态都为高电平 1，与非门 G_1 输出为低电平，G_2 门输出为高电平，S_1S_2 又变为 11，表示并/串行转换结束，且为第二次并行输入创造了条件。转换过程如表 7-31 所示。

表 7-31　并行/串行转换器状态表

CP	Q_0	Q_1	Q_2	Q_3	Q_4	Q_5	Q_6	Q_7	串 行 输 出							
0	0	0	0	0	0	0	0	0								
1	0	D_1	D_2	D_3	D_4	D_5	D_6	D_7								
2	1	0	D_1	D_2	D_3	D_4	D_5	D_6	D_7							
3	1	1	0	D_1	D_2	D_3	D_4	D_5	D_6	D_7						
4	1	1	1	0	D_1	D_2	D_3	D_4	D_5	D_6	D_7					
5	1	1	1	1	0	D_1	D_2	D_3	D_4	D_5	D_6	D_7				
6	1	1	1	1	1	0	D_1	D_2	D_3	D_4	D_5	D_6	D_7			
7	1	1	1	1	1	1	0	D_1	D_2	D_3	D_4	D_5	D_6	D_7		
8	1	1	1	1	1	1	1	0	D_1	D_2	D_3	D_4	D_5	D_6	D_7	
9	0	D_1	D_2	D_3	D_4	D_5	D_6	D_7								

中规模集成移位寄存器，其位数往往以 4 位居多，当需要的位数多于 4 位时，可把几片移位寄存器用级连的方法来扩展位数。

三、实验设备及器件

（1）　+5V 直流电源。
（2）单次脉冲源。
（3）逻辑电平开关。
（4）逻辑电平显示器。
（5）CC40194×2（74LS194×2），CC4011（74LS00），CC4068（74LS30）。

四、实验内容

1. 测试 CC40194（或 74LS194）的逻辑功能

按图 7-52 接线，$\overline{C_R}$，S_1，S_0，S_L，S_R，D_0，D_1，D_2，D_3 分别接至逻辑开关的输出插口；Q_0，Q_1，Q_2，Q_3 接至逻辑电平显示输入插口。CP 端接单次脉冲源。按表7-32所规定的输入状态，逐项进行测试。

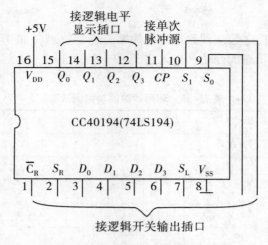

图 7 – 52　CC40194 逻辑功能测试

（1）清除。令 $\overline{C_R}=0$，其他输入均为任意态，这时寄存器输出 Q_0，Q_1，Q_2，Q_3 应均为 0。清除后，置 $\overline{C_R}=1$。

（2）送数。令 $\overline{C_R}=S_1=S_0=1$，送入任意 4 位二进制数，如 $D_0D_1D_2D_3=abcd$，加 CP 脉冲，观察 $CP=0$，CP 由 $0{\rightarrow}1$，CP 由 $1{\rightarrow}0$ 三种情况下寄存器输出状态的变化，观察寄存器输出状态变化是否发生在 CP 脉冲的上升沿。

（3）右移。清零后，令 $\overline{C_R}=1$，$S_1=0$，$S_0=1$，由右移输入端 S_R 送入二进制数码如 0100，由 CP 端连续加 4 个脉冲，观察输出情况，记录之。

（4）左移。先清零或预置，再令 $\overline{C_R}=1$，$S_1=1$，$S_0=0$，由左移输入端 S_L 送入二进制数码如 1111，连续加 4 个 CP 脉冲，观察输出端情况，记录之。

（5）保持。寄存器预置任意 4 位二进制数码 $abcd$，令 $\overline{C_R}=1$，$S_1=S_0=0$，加 CP 脉冲，观察寄存器输出状态，记录之。

表 7 – 32　CC40194（或 74LS194）的逻辑功能测试表

清除	模式		时钟	串行		输入	输出	功能说明
$\overline{C_R}$	S_1	S_0	CP	S_L	S_R	$D_0D_1D_2D_3$	$Q_0Q_1Q_2Q_3$	
0	×	×	×	×	×	× × × ×		
1	1	1	↑	×	×	a b c d		
1	0	1	↑	×	0	× × × ×		
1	0	1	↑	×	1	× × × ×		
1	0	1	↑	×	0	× × × ×		
1	0	1	↑	×	0	× × × ×		
1	1	0	↑	1	×	× × × ×		
1	1	0	↑	×	×	× × × ×		
1	1	0	↑	×	×	× × × ×		
1	1	0	↑	1	×	× × × ×		
1	0	0	↑	×	×	× × × ×		

2. 环形计数器

自拟实验线路用并行送数法预置寄存器为某二进制数码（如0100），然后进行右移循环，观察寄存器输出端状态的变化，记入表7－33中。

表7－33　环形计数器功能测试表

CP	Q_0	Q_1	Q_2	Q_3
0	0	1	0	0
1				
2				
3				
4				

3. 实现数据的串、并行转换

（1）串行输入、并行输出。按图7－50接线，进行右移串入、并出实验，串入数码自定；改接线路用左移方式实现并行输出。自拟表格，记录之。

（2）并行输入、串行输出。按图7－51接线，进行右移并入、串出实验，并入数码自定。再改接线路用左移方式实现串行输出。自拟表格，记录之。

五、实验报告

（1）在对CC40194进行送数后，若要改变输出端状态，是否一定要使寄存器清零？

（2）使寄存器清零，除采用$\overline{C_R}$输入低电平外，可否采用右移或左移的方法？可否使用并行送数法？若可行，如何进行操作？若进行循环左移，图7－51接线应如何改接？

（3）分析表7－32的实验结果，总结移位寄存器CC40194的逻辑功能并写入表格功能说明一栏中。根据实验内容2的结果，画出4位环形计数器的状态转换图及波形图。分析串/并、并/串转换器所得结果的正确性。

7.4　脉冲单元电路

7.4.1　单稳态触发器及其应用

一、实验目的

（1）掌握使用集成门电路构成单稳态触发器的基本方法。

（2）熟悉集成单稳态触发器的逻辑功能及其使用方法。

（3）熟悉集成施密特触发器的性能及其应用。

二、原理说明

单稳态触发器是在外加触发信号的作用下输出具有一定宽度的矩形脉冲波。

1. 用与非门组成单稳态触发器

利用与非门作开关,依靠定时元件 RC 电路的充放电来控制与非门的启闭。单稳态电路有微分型与积分型两大类,这两类触发器对触发脉冲的极性与宽度有不同的要求。

(1) 微分型单稳态触发器。如图 7 – 53 所示,该电路为负脉冲触发。其中 R_P,C_P 构成输入端微分隔直电路。R,C 构成微分型定时电路,定时元件 R,C 的取值不同,输出脉宽 t_W 也不同。$t_W \approx$ (0. 7 ~ 1. 3) RC。与非门 G_3 起整形、倒相作用。

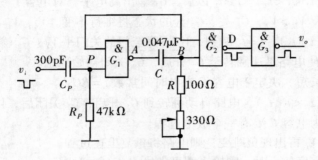

图 7 – 53 微分型单稳态触发器

图 7 – 54 为微分型单稳态触发器各点波形图,下面结合波形图说明其工作原理:

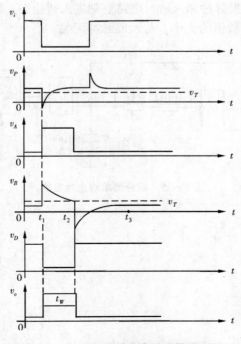

图 7 – 54 微分型单稳态触发器波形图

1）无外界触发脉冲时电路初始稳态（$t < t_1$ 前状态）。稳态时 v_i 为高电平。适当选择电阻 R 阻值，使与非门 G_2 的输入电压 V_B 小于门的关门电平（$V_B < V_{off}$），则门 G_2 关闭，输出 V_D 为高电平。适当选择电阻 R_P 阻值，使与非门 G_1 的输入电压 V_P 大于门的开门电平（$V_P > V_{on}$），于是 G_1 的两个输入端全为高电平，则 G_1 开启，输出 V_A 为低电平（为方便计，取 $V_{off} = V_{on} = V_T$）。

2）触发翻转（$t = t_1$ 时刻）。v_i 负跳变，v_p 也负跳变，门 G_1 输出 V_A 升高，经电容 C 耦合，V_B 也升高，门 G_2 输出 V_D 降低，正反馈到 G_1 输入端，结果使 G_1 输出 V_A 由低电平迅速上跳至高电平，G_1 迅速关闭；V_B 也上跳至高电平，G_2 输出 V_D 则迅速下跳至低电平，G_2 迅速开通。

3）暂稳状态（$t_1 < t < t_2$）。$t \geq t_1$ 以后，G_1 输出高电平，对电容 C 充电，V_B 随之按指数规律下降，但只要 $V_B > V_T$，G_1 关、G_2 开的状态将维持不变，V_A，V_D 也维持不变。

4）自动翻转（$t = t_2$）。$t = t_2$ 时刻，V_B 下降至门的关门平 V_T，G_2 输出 V_D 升高，G_1 输出 V_A，正反馈作用使电路迅速翻转至 G_1 开启，G_2 关闭初始稳态。

暂稳态时间的长短，决定于电容 C 充电时间常数 $t = RC$。

5）恢复过程（$t_2 < t < t_3$）。电路自动翻转到 G_1 开启，G_2 关闭后，V_B 不是立即回到初始稳态值，这是因为电容 C 要有一个放电过程。

$t > t_3$ 以后，如 V_i 再出现负跳变，则电路将重复上述过程。

如果输入脉冲宽度较小时，则输入端可省去 $R_P C_P$ 微分电路。

（2）积分型单稳态触发器。如图 7-55 所示。电路采用正脉冲触发，工作波形如图 7-56 所示。电路的稳定条件是 $R \leq 1\,k\Omega$，输出脉冲宽度 $t_W \approx 1.1RC$。

单稳态触发器的共同特点是：触发脉冲未加入前，电路处于稳态。此时，可以测得各门的输入和输出电位。触发脉冲加入后，电路立刻进入暂稳态，暂稳态的时间，即输出脉冲的宽度 t_W 只取决于 RC 数值的大小，与触发脉冲无关。

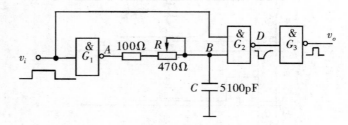

图 7-55　积分型单稳态触发器

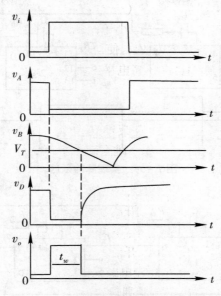

图 7-56 积分型单稳态触发器波形图

CC14528 的逻辑符号及功能表如图 7-57 所示。

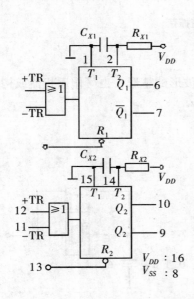

输入			输出	
+TR	-TR	$\overline{R}$	Q	$\overline{Q}$
⌐	1	1	⊓	⊔
⌐	0	1	Q	$\overline{Q}$
1	⌐	1	Q	$\overline{Q}$
0	⌐	1	⊓	⊔
×	×	0	0	1

图 7-57 CC14528 的逻辑符号及功能表

（3）应用举列。

1）实现脉冲延迟，如图 7-58 所示。

2）实现多谐振荡器，如图 7-59 所示。

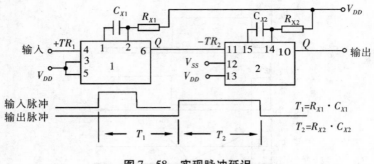

图 7-58　实现脉冲延迟

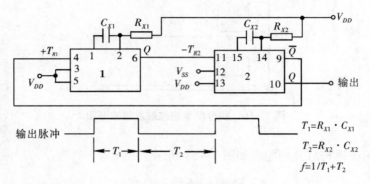

图 7-59　实现多谐振荡

2. 集成六施密特触发器 CC40106

图 7-60 为其逻辑符号及引脚功能，它可用于波形的整形，也可作反相器或构成单稳态触发器和多谐振荡器。

（1）构成多谐振荡器，如图 7-61 所示。

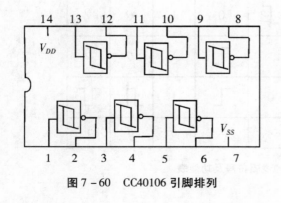

图 7-60　CC40106 引脚排列

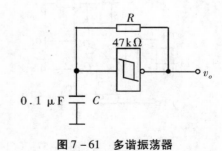

图 7-61　多谐振荡器

（2）将正弦波转换为方波，如图 7-62 所示。

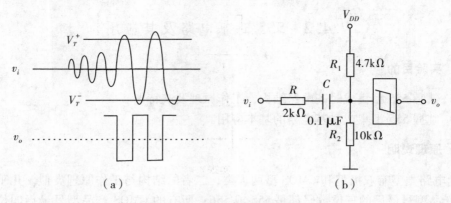

图 7 - 62　正弦波转换为方波

三、实验设备与器件

（1）+5V 直流电源。

（2）双踪示波器。

（3）连续脉冲源。

（4）数字频率计。

（5）CC4011，CC14528，CC40106，2CK15，电位器、电阻、电容若干。

四、实验内容

（1）按图 7 – 53 接线，输入 1kHz 连续脉冲，用双踪示波器 V_i，V_P，V_A，V_B，V_D 及 V_0 的波形，记录之。

（2）改变 C 或 R 之值，重复实验内容（1）。

（3）按图 7 – 55 接线，重复实验内容（1）。

（4）按图 7 – 58 接线，输入 1kHz 连续脉冲，用双踪示波器观测输入、输出波形，测定 T_1 与 T_2。

（5）按图 7 – 59 接线，用示波器观测输出波形，测定振荡频率。

（6）按图 7 – 61 接线，用示波器观测输出波形，测定振荡频率。

（7）按图 7 – 62（b）接线，构成整形电路，被整形信号可由音频信号源提供，图中串联的 2kΩ 电阻起限流保护作用。将正弦信号频率置 1kHz，调节信号电压由低到高观测输出波形的变化。记录输入信号为 0V，0.25V，0.5V，1.0V，1.5V，2.0V 时的输出波形，记录之。

五、实验报告

（1）绘出实验线路图，用方格纸记录波形。

（2）分析各次实验结果的波形，验证有关的理论。

（3）总结单稳态触发器及施密特触发器的特点及其应用。

7.4.2   555 时基电路及其应用

一、实验目的

（1）熟悉 555 型集成时基电路结构、工作原理及其特点。

（2）掌握 555 型集成时基电路的基本应用。

二、原理说明

555 电路类型有双极型和 CMOS 型两大类，二者的结构与工作原理类似。几乎所有的双极型产品型号最后的三位数码都是 555 或 556；所有的 CMOS 产品型号最后四位数码都是 7555 或 7556，二者的逻辑功能和引脚排列完全相同，易于互换。555 和 7555 是单定时器。556 和 7556 是双定时器。双极型的电源电压 $V_{CC} = +5\text{V} \sim +15\text{V}$，输出的最大电流可达 200mA，CMOS 型的电源电压为 $+3 \sim +18\text{V}$。

1. 555 电路的工作原理

555 定时器的内部电路方框图如图 7-63 所示。它含有两个电压比较器，一个基本 RS 触发器，一个放电开关管 T，比较器的参考电压由三只 $5\text{k}\Omega$ 的电阻器构成的分压器提供。它们分别使高电平比较器 A_1 的同相输入端和低电平比较器 A_2 的反相输入端的参考电平为 $\frac{2}{3}V_{CC}$ 和 $\frac{1}{3}V_{CC}$。A_1 与 A_2 的输出端控制 RS 触发器状态和放电管开关状态。当输入信号自 6 脚，即高电平触发输入并超过参考电平 $\frac{2}{3}V_{CC}$ 时，触发器复位，555 的输出端 3 脚输出低电平，同时放电开关管导通；当输入信号自 2 脚输入并低于 $\frac{1}{3}V_{CC}$ 时，触发器置位，555 的 3 脚输出高电平，同时放电开关管截止。

$\overline{R}_D$ 是复位端（4 脚），平时开路或接 V_{CC}。

V_C 是控制电压端（5 脚），平时输出 $\frac{2}{3}V_{CC}$ 作为比较器 A_1 的参考电平，当 5 脚外接一个输入电压，即改变了比较器的参考电平，从而实现对输出的另一种控制。在不接外加电压时，通常接一个 $0.01\mu\text{F}$ 的电容器到地，起滤波作用，以消除外来干扰，确保参考电平的稳定。

T 为放电管，当 T 导通时，将给接于脚 7 的电容器提供低阻放电通路。555 定时器主要是与电阻、电容构成充放电电路，并由两个比较器来检测电容器上的电压，以确定输出电平的高低和放电开关管的通断。这就很方便地构成从微秒到数十分钟的延时电路，可方便地构成单稳态触发器、多谐振荡器、施密特触发器等脉冲产生或波形变换电路。

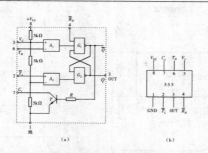

图63 555 定时器内部框图及引脚排列

2. 555 定时器的典型应用

（1）构成单稳态触发器。图 7 - 64 （a）为由 555 定时器和外接定时元件 R, C 构成的单稳态触发器。触发电路由 C_1, R_1, D 构成，其中 D 为箝位二极管，稳态时 555 电路输入端处于电源电平，内部放电开关管 T 导通，输出端 F 输出低电平。当有一个外部负脉冲触发信号经 C_1 加到 2 端，并使 2 端电位瞬时低于 $\frac{1}{3}V_{CC}$，低电平比较器动作，单稳态电路即开始一个暂态过程，电容 C 开始充电，V_C 按指数规律增长。当 V_C 充电到 $\frac{2}{3}V_{CC}$ 时，高电平比较器动作，比较器 A_1 翻转，输出 V_o 从高电平返回低电平，放电开关管 T 重新导通，电容 C 上的电荷很快经放电开关管放电，暂态结束，恢复稳态，为下个触发脉冲的到来做好准备。波形图如图 7 - 64(b) 所示。

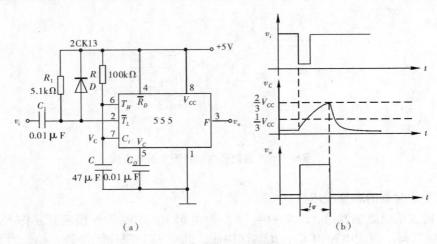

（a）　　　　　　　　　　　　　　　（b）

图 7 - 64　单稳态触发器

暂稳态的持续时间 $t_W = 1.1RC$。通过改变 R，C 的大小，可使延时时间在几个微秒到几十分钟之间变化。

（2）构成多谐振荡器。如图 7 - 65(a) 所示，由 555 定时器和外接元件 R_1，R_2，C 构成多谐振荡器，脚 2 与脚 6 直接相连。电路没有稳态，仅存在两个暂稳态，电路亦不需要外加触发信号，利用电源通过 R_1，R_2 向 C 充电，以及 C 通过 R_2 向放电端 C_t 放电，使电路产生振荡。电容 C 在 $\frac{1}{3}V_{CC}$ 和 $\frac{2}{3}V_{CC}$ 之间充电和放电，其波形如图 7 - 65(b) 所示。输出信号的时间参数是：

$$t = t_{W1} + t_{W2} \qquad t_{W1} = 0.7(R_1 + R_2)C \qquad t_{W2} = 0.7R_2C$$

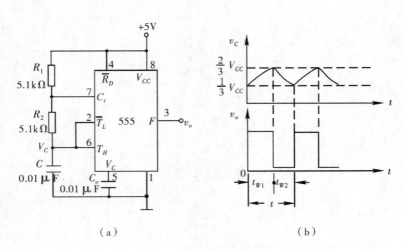

（a）　　　　　　　　　　　　　　　（b）

图 7 - 65　多谐振荡器

555 电路要求 R_1 与 R_2 均应大于或等于 $1k\Omega$，但 $R_1 + R_2$ 应小于或等于 $3.3M\Omega$。

（3）组成占空比可调的多谐振荡器。电路如图 7 - 66 所示，它比图 7 - 65 所示电路增加了一个电位器和两个导引二极管。D_1，D_2 用来决定电容充、放电电流流经电阻的途径（充电时 D_1 导通，D_2 截止；放电时 D_2 导通，D_1 截止）。

占空比为：

$$P = \frac{t_{W1}}{t_{W1} + t_{W2}} \approx \frac{0.7R_A C}{0.7C(R_A + R_B)} = \frac{R_A}{R_A + R_B}$$

（4）组成占空比连续可调并能调节振荡频率的多谐振荡器。电路如图 7 - 67 所示。对 C_1 充电时，充电电流通过 R_1，D_1，R_{W2} 和 R_{W1}；放电时通过 R_{W1}，R_{W2}，D_2，R_2。当 R_1 $= R_2$，R_{W2} 调至中心点，因充放电时间基本相等，其占空比约为 50%，此时调节 R_{W1} 仅改变频率，占空比不变。如 R_{W2} 调至偏离中心点，再调节 R_{W1}，不仅振荡频率改变，而且对占空比也有影响。R_{W1} 不变，调节 R_{W2}，仅改变占空比，对频率无影响。因此，当接通电源后，应首先调节 R_{W1} 使频率至规定值，再调节 R_{W2}，以获得需要的占空比。若频率调节的范围比较大，还可以用波段开关改变 C_1 的值。

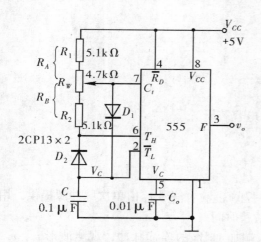

图 7 - 66　占空比可调的多谐振荡器

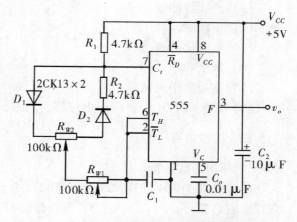

图 7 - 67　占空比与频率均可调的多谐振荡器

（5）组成施密特触发器。电路如图 7 - 68 所示，只要将脚 2，6 连在一起作为信号输入端，即得到施密特触发器。图 7 - 69 示出了 v_s，v_i 和 v_o 的波形图。

设被整形变换的电压为正弦波 v_s，其正半波通过二极管 D 同时加到 555 定时器的 2 脚和 6 脚，得 v_i 为半波整流波形。当 v_i 上升到 $\frac{2}{3}V_{cc}$ 时，v_o 从高电平翻转为低电平；当 v_i 下降到 $\frac{1}{3}V_{cc}$ 时，v_o 又从低电平翻转为高电平。电路的电压传输特性曲线如图 7 - 70 所示。回差电压为：

$$\Delta V = \frac{2}{3}V_{cc} - \frac{1}{3}V_{cc} = \frac{1}{3}V_{cc}$$

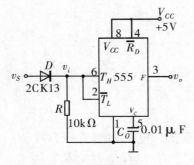

图7-68 施密特触发器

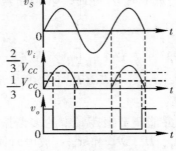

图7-69 波形变换图

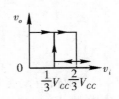

图7-70 电压传输特性

三、实验设备与器件

（1） +5V 直流电源。

（2） 双踪示波器。

（3） 连续脉冲源。

（4） 单次脉冲源。

（5） 音频信号源。

（6） 数字频率计。

（7） 逻辑电平显示器。

（8） 555×2，2CK13×2，电位器、电阻、电容若干。

四、实验内容

1. 单稳态触发器

（1） 按图7-64连线，取 $R=100k\Omega$，$C=47\mu F$，输入信号 v_i 由单次脉冲源提供，用双踪示波器观测 v_i，v_C，v_o 波形，测定幅度与暂稳时间。

（2） 将 R 改为 $1k\Omega$，C 改为 $0.1\mu F$，输入端加 1kHz 的连续脉冲，观测波形 v_i，v_C，v_o，测定幅度及暂稳时间。

2. 多谐振荡器

（1） 按图7-65接线，用双踪示波器观测 v_C 与 v_o 的波形，测定频率。

（2） 按图7-66接线，组成占空比为50%的方波信号发生器，观测 v_C，v_o 波形，测定波形参数。

（3） 按图7-67接线，通过调节 R_{W1} 和 R_{W2} 来观测输出波形。

3. 施密特触发器

按图7-68接线，输入信号由音频信号源提供，预先调好 v_S 的频率为1kHz，接通电源，逐渐加大 v_S 的幅度，观测输出波形，测绘电压传输特性，算出回差电压 ΔU。

4. 模拟声响电路

按图7-71接线，组成两个多谐振荡器，调节定时元件，使Ⅰ输出较低频率，Ⅱ输出较高频率，连好线，接通电源，试听音响效果。调换外接阻容元件，再试听音响效果。

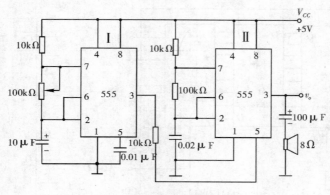

图 7 - 71　模拟声响电路

五、实验报告

（1）拟定实验中所需的数据、表格等。

（2）如何用示波器测定施密特触发器的电压传输特性曲线？

（3）拟定各次实验的步骤和方法。

（4）绘出详细的实验线路图，定量绘出观测到的波形。

（5）分析、总结实验结果。

7.5　数模转换器和模数转换器

一、实验目的

（1）了解 D/A 和 A/D 转换器的基本工作原理和基本结构。

（2）掌握大规模集成 D/A 和 A/D 转换器的功能及其典型应用。

二、原理说明

本实验采用大规模集成电路 DAC0832 实现 D/A 转换，ADC0809 实现 A/D 转换。

1. D/A 转换器 DAC0832

DAC0832 是采用 CMOS 工艺制成的单片电流输出型 8 位数/模转换器。图 7 - 72 是 DAC0832 的逻辑框图及引脚排列。

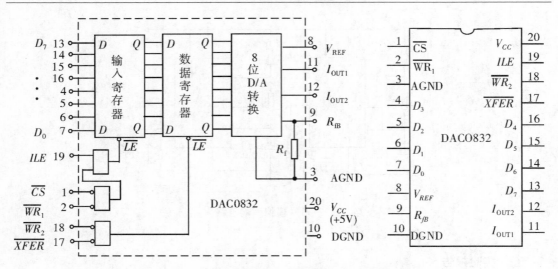

图 7 - 72   DAC0832 单片 D/A 转换器逻辑框图和引脚排列

器件的核心部分采用倒 T 型电阻网络的 8 位 D/A 转换器，如图 7 - 73 所示。它是由倒 T 型 $R - 2R$ 电阻网络、模拟开关、运算放大器和参考电压 V_{REF} 四部分组成。

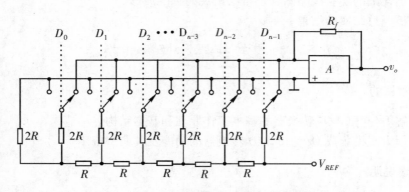

图 7 - 73   倒 T 型电阻网络 D/A 转换电路

运放的输出电压为：

$$V_o = \frac{V_{REF} \cdot R_f}{2^n R}(D_{n-1} \cdot 2^{n-1} + D_{n-2} \cdot 2^{n-2} + \cdots + D_0 \cdot 2^0)$$

由上式可见，输出电压 V_o 与输入的数字量成正比，实现了从数字量到模拟量的转换。

一个 8 位的 D/A 转换器，它有 8 个输入端，每个输入端是 8 位二进制数的一位，有一个模拟输出端，输入可有 $2^8 = 256$ 个不同的二进制组态，输出为 256 个电压之一，即输出电压不是整个电压范围内任意值，而只能是 256 个可能值。

DAC0832 的引脚功能说明如下：

$D_0 \sim D_7$：数字信号输入端； ILE：输入寄存器允许，高电平有效；

$\overline{CS}$：片选信号，低电平有效； $\overline{WR_1}$：写信号 1，低电平有效；

$\overline{XFER}$：传送控制信号，低电平有效； $\overline{WR_2}$：写信号 2，低电平有效；

I_{OUT1}，I_{OUT2}：DAC 电流输出端；

R_{fb}：反馈电阻，是集成在片内的外接运放的反馈电阻；

V_{REF}：基准电压（ – 10 ~ + 10）V；　　　　　　V_{CC}：电源电压（+ 5 ~ + 15）V。

AGND（模拟地）和 NGND（数字地）可接在一起使用。

DAC0832 输出的是电流，要转换为电压，还必须经过一个外接的运算放大器，实验线路如图 7 – 74 所示。

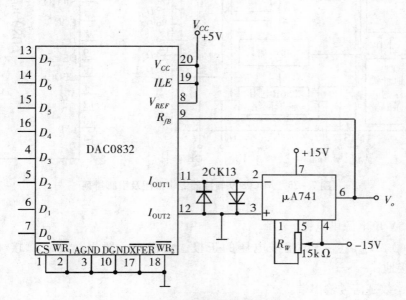

图 7 – 74　D/A 转换器实验线路

2．A/D 转换器 ADC0809

ADC0809 是采用 CMOS 工艺制成的单片 8 位 8 通道逐次渐近型模/数转换器，其逻辑框图及引脚排列如图 7 – 75 所示。

器件的核心部分是 8 位 A/D 转换器，它由比较器、逐次渐近寄存器、D/A 转换器及控制和定时五部分组成。

ADC0809 的引脚功能说明如下：

IN_0 ~ IN_7：8 路模拟信号输入端；

A_2，A_1，A_0：地址输入端；

ALE：地址锁存允许输入信号，在此脚施加正脉冲，上升沿有效，此时锁存地址码，从而选通相应的模拟信号通道，以便进行 A/D 转换；

START：启动信号输入端，应在此脚施加正脉冲，当上升沿到达时，内部逐次逼近寄存器复位，在下降沿到达后，开始 A/D 转换过程；

EOC：转换结束输出信号（转换结束标志），高电平有效；

OE：输入允许信号，高电平有效；

CLOCK（CP）：时钟信号输入端，外接时钟频率一般为 640kHz；

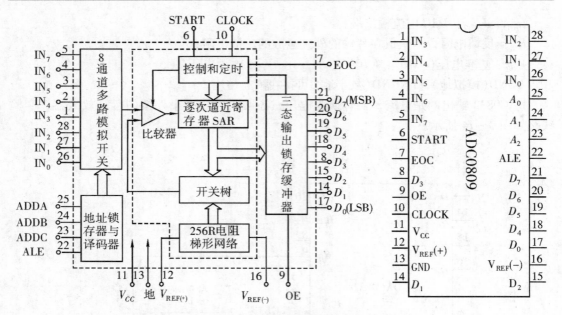

图 7 – 75　ADC0809 转换器逻辑框图及引脚排列

V_{CC}：+5V 单电源供电；

V_{REF}（+），V_{REF}（-）：基准电压的正极、负极。一般 V_{REF}（+）接 +5V 电源，V_{REF}（-）接地；

$D_7 \sim D_0$：数字信号输出端。

（1）模拟量输入通道选择。8 路模拟开关由 A_2，A_1，A_0 三地址输入端选通 8 路模拟信号中的任何一路进行 A/D 转换，地址译码与模拟输入通道的选通关系如表 7 – 34 所示。

（2）D/A 转换过程。在启动端（START）加启动脉冲（正脉冲），D/A 转换即开始。如将启动端（START）与转换结束端（EOC）直接相连，转换将是连续的，在用这种转换方式时，开始应在外部加启动脉冲。

表 7 – 34　地址译码与模拟输入通道的选通关系

被选模拟通道		IN_0	IN_1	IN_2	IN_3	IN_4	IN_5	IN_6	IN_7
地址	A_2	0	0	0	0	1	1	1	1
	A_1	0	0	1	1	0	0	1	1
	A_0	0	1	0	1	0	1	0	1

三、实验设备及器件

（1）+5V、±15V 直流电源。

（2）双踪示波器。

（3）计数脉冲源。

（4）逻辑电平开关。

（5）逻辑电平显示器。

（6）直流数字电压表

（7）DAC0832，ADC0809，μA741，电位器、电阻、电容若干。

四、实验内容

1. D/A 转换器——DAC0832

（1）按图 7 – 74 接线，电路接成直通方式，即 $\overline{CS}$，$\overline{WR_1}$，$\overline{WR_2}$，$\overline{XEFR}$ 接地；ILE，V_{CC}，V_{REF} 接 +5V 电源；运放电源接 ±15V；$D_0 \sim D_7$ 接逻辑开关的输出插口，输出端 v_o 接直流数字电压表。

（2）调零，令 $D_0 \sim D_7$ 全置零，调节运放的电位器使 μA741 输出为零。

（3）按表 7 – 35 所列的输入数字信号，用数字电压表测量运放的输出电压 V_o，将测量结果填入表中，并与理论值进行比较。

表 7 – 35　D/A 转换器——DAC0832 实验数据

输入数字量								输出模拟量 V_o/V
D_7	D_6	D_5	D_4	D_3	D_2	D_1	D_0	V_{CC} = +5V
0	0	0	0	0	0	0	0	
0	0	0	0	0	0	0	1	
0	0	0	0	0	0	1	0	
0	0	0	0	0	1	0	0	
0	0	0	0	1	0	0	0	
0	0	0	1	0	0	0	0	
0	0	1	0	0	0	0	0	
0	1	0	0	0	0	0	0	
1	0	0	0	0	0	0	0	
1	1	1	1	1	1	1	1	

2．A/D 转换器——ADC0809

（1）按图 7 – 76 接线。八路输入模拟信号为 1 ~ 4.5V，由 +5V 电源经电阻 R 分压组成；变换结果 $D_0 \sim D_7$ 接逻辑电平显示器输入插口，CP 时钟脉冲由计数脉冲源提供，取 $f = 100kHz$；$A_0 \sim A_2$ 地址端接逻辑电平输出插口。

（2）接通电源后，在启动端（START）加一正单次脉冲，下降沿一到即开始A/D转换。

按表 7 – 36 的要求观察，记录 $IN_0 \sim IN_7$ 八路模拟信号的转换结果，且将转换结果换算成十进制数表示的电压值，并与数字电压表实测的各路输入电压值进行比较，分析误差原因。

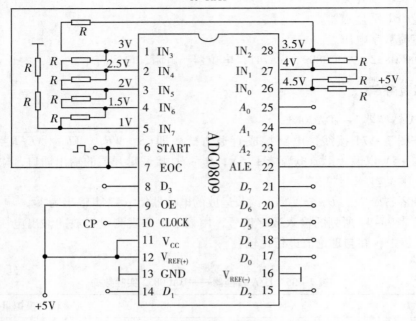

图 7 – 76　ADC0809 实验线路

表 7 – 36　A/D 转换器——ADC0809 实验数据

被选模拟通道	输入模拟量	地　址			输出数字量								
IN	V_i/V	A_2	A_1	A_0	D_7	D_6	D_5	D_4	D_3	D_2	D_1	D_0	十进制
IN_0	4.5	0	0	0									
IN_1	4.0	0	0	1									
IN_2	3.5	0	1	0									
IN_3	3.0	0	1	1									
IN_4	2.5	1	0	0									
IN_5	2.0	1	0	1									
IN_6	1.5	1	1	0									
IN_7	1.0	1	1	1									

五、实验报告

（1）绘好完整的实验线路和所需的实验记录表格。

（2）拟定各个实验内容的具体实验方案。

（3）整理实验数据，分析实验结果。

下　编

综合性与设计性实验

第 8 章 电路与控制综合设计性实验

本章通过受控源和互感电路的实验研究以及回转器的应用等综合性实验，以帮助学生全面掌握电路的分析方法、实验手段和典型应用。

8.1 互感电路的测定及研究

一、实验目的

（1）学会互感电路同名端、互感系数以及耦合系数的测定方法。

（2）理解两个线圈相对位置的改变，以及用不同材料作线圈芯时对互感的影响。

二、原理说明

1. 判断互感线圈同名端的方法

（1）直流法。如图 8 – 13 所示，当开关 S 闭合瞬间，若毫安表的指针正偏，则可断定 1，3 为同名端；指针反偏，则 1，4 为同名端。

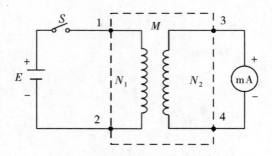

图 8 – 13 直流法判别电路

（2）交流法。如图 8 – 14 所示，将两个绕组 N_1 和 N_2 的任意两端（如 2，4 端）联在一起，在其中的一个线圈（如 N_1）两端加一个低交流电压，另一线圈（如 N_2）开路，用交流电压表分别测出端电压 U_{13}，U_{12} 和 U_{34}。若 U_{13} 是两个线圈端压之差，则 1，3 是同名端；若 U_{13} 是两线圈端电压之和，则 1，4 是同名端。

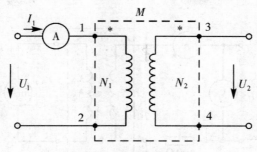

图 8 - 14　交流法判别电路

2.　两线圈互感系数 M 的测定

在图 8 - 14 所示的 N_1 侧施加低压交流电压 U_1，N_2 侧开路，测出 I_1 及 U_2。根据互感电势 $E_{2M} \approx U_{20} = \omega M I_1$，可算得互感系数为：$M = \dfrac{U_2}{\omega I_1}$。

3.　耦合系数 k 的测定

两个互感线圈耦合松紧的程度可用耦合系数 k 来表示：

$$k = M / \sqrt{L_1 L_2}$$

如图 8 - 14 所示，先在 N_1 侧加低压交流电压 U_1，测出 N_2 侧开路时的电流 I_1；然后再在 N_2 侧加电压 U_2，测出 N_1 侧开路时的电流 I_2，求出各自的自感 L_1 和 L_2，即可算得 k 值。

三、实验设备及器件

（1）可调直流稳压电源 0 ~ 30V。

（2）单相交流电源 0 ~ 220V。

（3）三相自耦调压器、直流数字电压表、直流数字毫安表、直流数字安培表、交流电压表、交流电流表各 1 台。

（4）空心互感线圈：N_1 为大线圈、N_2 为小线圈，1 对。

（5）可变电阻器 100Ω、3W，1 个。

（6）电阻器 510Ω、2W，1 个。

（7）发光二极管 1 个。

（8）铁棒、铝棒。

（9）滑线变阻器 200Ω、2A，1 个。

四、实验内容

1.　分别用直流法和交流法测定互感线圈的同名端

（1）直流法。实验线路如图 8 - 15 所示。将 N_1，N_2 同心地套在一起，并放入铁芯。N_1 侧串入 5A 量程数字电流表，U 为可调直流稳压电源，调至 6V，然后改变可变电阻器 R（由大到小地调节），使流过 N_1 侧的电流不可超过 0.4A，N_2 侧直接接入 2mA 量程的毫安表。将铁芯迅速地拔出和插入，观察毫安表读数正、负的变化，来判定 N_1 和 N_2 两个线圈的同名端。

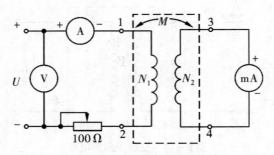

图 8-15   直流法实验线路

（2）交流法。按图 8-16 接线，将 N_1，N_2 同心式套在一起。N_1 串接电流表（选 0～2.5A 的量程交流电流表），后接至自耦调压器的输出，N_2 侧开路，并在线圈两端中插入铁芯。

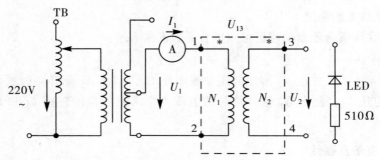

图 8-16   交流法实验线路

接通电源前，应首先检查自耦调压器是否调至零位，确认后方可接通交流电源，令自耦调压器输出一个很低的电压（约 2V），使流过电流表的电流小于 1.5A，然后用 0～30V 量程的交流电压表测量 U_{13}，U_{12} 和 U_{34}，判定同名端。

拆去 2，4 联线，并将 2，3 相接，重复上述步骤，判定同名端。

2. 自感系数 M 的测定

拆除 2，3 连线，测 U_1，I_1 及 U_2，计算出 M。

3. 耦合系数 k 的测定

将低压交流加在 N_2 侧，使流过 N_2 侧电流小于 1A，N_1 侧开路，按步骤 2 测出 U_2，I_2，U_1。用万用表的 $R \times 1$ 档分别测出 N_1，N_2 线圈的电阻值 R_1 和 R_2，计算 k 值。

4. 观察互感现象

将低压交流加在 N_1 侧，N_2 侧接入 LED 发光二极管与 510Ω（电阻箱）串联的支路。

（1）将铁芯从两线圈中抽出和插入，观察 LED 亮度的变化及各电表读数的变化，记录现象。

（2）改变两线圈的相对位置。观察 LED 亮度的变化及仪表读数。

（3）改用铝棒替代铁棒，重复步骤（1）、（2），观察 LED 的亮度变化，记录现象。

五、实验报告

（1）本实验用直流法判断同名端是用插、拔铁芯时观察电流表的正、负读数变化来确定的，这与实验原理中所叙述的方法是否一致？

（2）总结对互感线圈同名端、互感系数的实验测试方法。

（3）自拟测试数据表格，完成计算任务。

（4）解释实验中观察到的互感现象。

8.2　回转器及其应用

一、实验目的

（1）熟悉回转器的基本特性，了解实际回转器的组成。

（2）学会回转器参数测试。

（3）熟悉回转器的实际应用——模拟电感器的测试及其应用。

二、原理说明

（1）回转器是一种有源两端口网络，其电路符号及等效电路如图 8 – 17 所示。

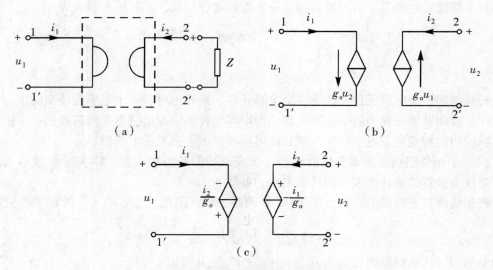

图 8 – 17　回转器电路符号及等效电路

理想回转器的导纳方程为：

$$\begin{bmatrix} i_1 \\ i_2 \end{bmatrix} = \begin{bmatrix} 0 & g_o \\ -g_o & 0 \end{bmatrix} \begin{bmatrix} u_1 \\ u_2 \end{bmatrix} \text{或} \begin{bmatrix} u_1 \\ u_2 \end{bmatrix} = \begin{bmatrix} 0 & -\dfrac{1}{g_o} \\ \dfrac{1}{g_o} & 0 \end{bmatrix} \begin{bmatrix} i_1 \\ i_2 \end{bmatrix}$$

或写成：

$$i_1 = g_o u_o = \frac{u_2}{R_o} \qquad i_2 = -g_o u_1 = -\frac{u_1}{R_o}$$

或：

$$u_1 = -\frac{i_2}{g_o} = -R_o i_2 \qquad u_2 = \frac{i_1}{g_o} = R_o i_1$$

式中，g_o 为回转电导，R_o 为回转电阻，统称为回转常数。

上式说明回转器的一个端口上的电流（或电压）是受另一端口的电压（或电流）控制的，故可用压控电流源（VCCS）或流控电流源（CCCS）来等效，如图 8 - 17（b）、（c）所示。

（2）若在回转器的输出端 $2 - 2'$，接入一个阻抗 Z_L，则在 $1 - 1'$ 端看，其输入阻抗 Z_{in} 可由上述方程求得：$Z_{in} = \dfrac{u_1}{i_1} = \dfrac{\dfrac{i_2}{g_o}}{g_o u_2} = \dfrac{1}{g_o^2}\left(\dfrac{-i_2}{u_2}\right) = \dfrac{1}{g_o^2 Z_L}$，该式称为阻抗逆变方程。

如果输出端开路，即 $Z_L = \infty$，则 $Z_{in} = 0$，可视为短路。

如果输出端短路，即 $Z_L = 0$，则 $Z_{in} = \infty$，可视为开路。

在正弦信号激励下，当回转器接入一个电容元件负载，则其输入阻抗为：

$$Z_L = \frac{1}{g_o^2 Z_L} = \frac{1}{g_o^2 \dfrac{1}{j\omega C}} = \frac{j\omega c}{g_o} = j\omega L, \qquad \text{等效电感 } L = \frac{C}{g_o^2}$$

即回转器能把一个电容元件回转成一个电感元件，同样也可将一个电感元件回转成一个电容元件，故回转器又称为阻抗逆变换器。用电容元件来模拟电感器是回转器的一个很重要的实际应用，特别是在电子技术应用领域可用模拟大电感量的电感器。

（3）采用负阻抗变换器实现回转器。组成回转器的方法很多，本实验装置系采用两个负阻抗变换器的连接来实现回转器电路，如图 8 - 18 所示。

根据负阻抗变换器的特性，图中 A，B 两端的输入阻抗 R'_{in} 是 R_L 与 $-R$ 的并联值，即

$$R'_{in} = R_L \mathbin{/\!/} (-R) = \frac{-R_L R}{R_L - R}$$

在激励端$(1 - 1')$的输出阻抗是 R 与 $-(R + R'_{in})$ 并联值，即

$$R'_{in} = R \mathbin{/\!/} \left[-(R + R'_{in}) \right] = \frac{-R(R + R'_{in})}{R - (R + R'_{in})} = \frac{R^2}{R_L} = \frac{1}{g_o^2 R_L}$$

回转电导为：

$$g_o = \frac{1}{R}$$

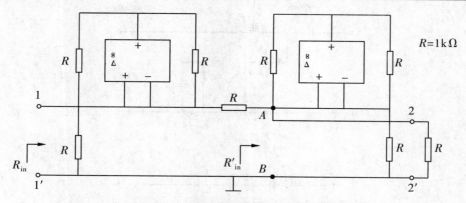

$R = 1\mathrm{k}\Omega$

图 8 – 18　采用两个负阻抗变换器的连接实现回转器

（4）用模拟电感器组成的 RLC 并联谐振电路，如图 8 – 19 所示。

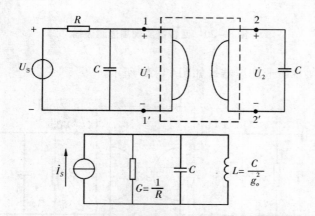

图 8 – 19　用模拟电感器组成的 RLC 并联谐振电路

并联电路的幅频特性为：

$$A(\omega) = \cfrac{1}{\sqrt{g_o^2 + \left(\omega C - \cfrac{1}{\omega L}\right)^2}} = \cfrac{1}{G\sqrt{1 + Q^2\left(\cfrac{\omega}{\omega_o} - \cfrac{\omega_o}{\omega}\right)^2}}$$

当电源频率 $\omega = \omega_o = \cfrac{1}{\sqrt{LC}}$ 时，电路发生并联谐振，电路品质因数：

$$Q = \frac{\omega_o C}{G} = \frac{1}{\omega_o L G}$$

（5）用回转器实现高通滤波器。如图 8 – 20 所示。

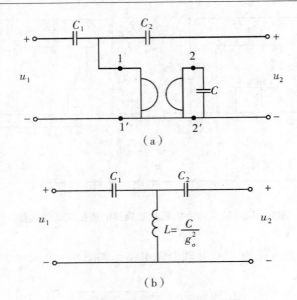

（a）

（b）

图 8 - 20　回转器实现高通滤波器

（6）用回转器实现带通滤波器，如图 8 - 21 所示。

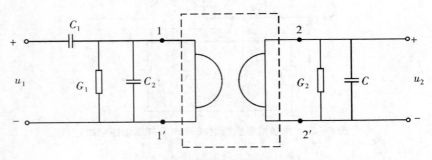

图 8 - 21　回转器实现带通滤波器

三、实验设备及器件

（1）可调直流稳压电源 0 ~ 30V。

（2）函数信号发生器、交流毫伏表、双踪示波器各 1 台。

（3）R，L，C 元件箱。

（4）可调电阻箱 0 ~ 99999.9Ω。

（5）回转器实验电路板。

四、实验内容

1. 测量回转器的回转电导

实验线路如图 8 - 22 所示。

（1）回转器的输入端通过 R_s（电流取样电阻）接正弦激励源，电压 $U_s \leqslant 3V$，

$f = 1\mathrm{kHz}$，输出端接可调电阻箱 R_L，用交流毫伏表测量不同负载 R_L 下的 L_1，U_2 和 U_{RS}，计算出 I_1，I_2 和回转常数 g_o。

（2）分别改变电源频率及幅值重复测量。

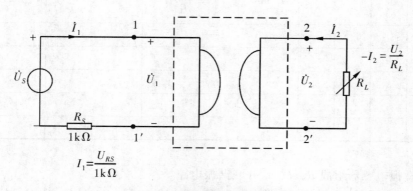

图 8 – 22　测量回转器的回转电导

2. 模拟电感器测试

（1）参照图 8 – 22，用电容负载 $C = 0.1\mu\mathrm{F}$ 取代可变电阻 R_L，取正弦激励源电压 $U_S \leqslant 3\mathrm{V}$，$f = 1\mathrm{kHz}$，用示波器观察 u_1 与 i_1 的相位关系，记录于表 8 – 9，并描绘 u_1 与 i_1 的波形。

（2）保持 $U_S \leqslant 3\mathrm{V}$，改变电源频率，用交流毫伏表测量不同频率时 U_1，U_2，U_{RS} 的值，计算等效电感 L 值，并用示波器观察 u_1，i_1 的相位关系，记录于表 8 – 10。

表 8 – 9　回转器的回转电导测试数据

$R_L/\mathrm{k\Omega}$	测　量　值					计　算　值		
	U_1 /V	U_2 /V	U_{RS} /V	I_1 /mA	I_2 /mA	$g_o' = \dfrac{I_1}{U_2}$ /S	$g_o'' = \dfrac{I_2}{U_1}$ /V	$g_o = \dfrac{g_o' - g_o''}{2}$ /S
0.3								
0.5								
0.8								
1.0								
1.5								
2.0								

表 8 – 10　模拟电感器测试数据

f	测　量　值			计　算　值			
	U_1 /V	U_2 /V	U_{RS} /V	I_1/mA	$L' = \dfrac{U_1}{\omega I_1}$/H	$L = \dfrac{C}{g_o^2}$/H	$\Delta L = L' - L$/H
200Hz							
500Hz							
1.0kHz							
1.5kHz							
2.0kHz							

3. 用模拟电感器组成 R, L, C 并联谐振电路

实验线路参照图 8 – 19（a），取 $C = 1\mu F$、$C_1 = 0.1\mu F$，$R = 1k\Omega$，$3k\Omega$。U_S 为正弦激励源，取 $U_S \leqslant 3V$，并保持不变，从高到低改变电源频率 f，用交流毫伏表测量 1 – 1′端的电压 U_1，并找出峰值。改变 R 的阻值（即改变回路的 Q 值），再重复测量一次。

4. 用模拟电感器实现滤波器特性

实验电路参照图 8 – 20 和图 8 – 21。实验方法、步骤等均自拟，将测试数据记录于表 8 – 11。

表 8 – 11　R, L, C 并联谐振电路测试数据

频率		
$R_1 = 1k\Omega$	U_1/V	
$R_1 = 3k\Omega$	U_1/V	

　　　　　　　　　　　　　　品质因数　　　　　　　谐振频率

$R_1 = 1k\Omega$ 时，　　　　　$Q = $　　　　　　$f_o = $

$R_1 = 3k\Omega$ 时，　　　　　$Q = $　　　　　　$f_o = $

五、实验报告

（1）在做 RLC 并联谐振实验时，应怎样用示波器判断电路是否处于谐振状态？

（2）根据实验数据计算本装置回转器的回转电导，并与理论值作比较。

（3）描绘用示波器观察到的模拟电感器的 $u_1 - i_1$ 的波形。

（4）在同一坐标上描绘出两条不同 Q 值时的并联谐振电路 U_s 的幅频特性曲线。

（5）描绘用模拟电感器实现滤波器的幅频特性曲线。

（6）对所有实验结果作出正确的解释。

第9章 模拟电路综合设计

为了培养学生的综合分析能力、实验动手能力、数据处理能力，本章在综合相关资料和近年来教学实践的基础上，选择了几个模拟电路方面典型的综合性、设计性实验项目，包括集成函数信号发生器芯片的应用与测试、温度监测及控制电路设计、万用电表的设计与测试、晶闸管可控整流电路设计。

9.1 温度监测及控制电路

一、实验目的

（1）学习由双臂电桥和差动输入集成运放组成的桥式放大电路。
（2）掌握滞回比较器的性能和调试方法。
（3）学会系统测量和调试。

二、原理说明

实验电路如图9-1所示，它是由负温度系数电阻特性的热敏电阻。（NTC 元件）R_t 为一臂组成测温电桥，其输出经测量放大器放大后由滞回比较器输出"加热"与"停止"信号，经三极管放大后控制加热器"加热"与"停止"。改变滞回比较器的比较电压 U_R 即改变控温的范围，而控温的精度则由滞回比较器的滞回宽度确定。

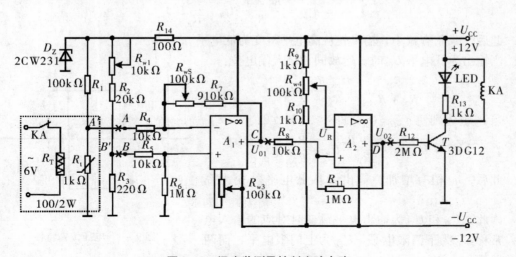

图9-1 温度监测及控制实验电路

（1）测温电桥。由 R_1，R_2，R_3，R_{W1} 及 R_t 组成测温电桥，其中 R_t 是温度传感器。其呈现出的阻值与温度成线性变化关系且具有负温度系数，而温度系数又与流过它的工作电流有关。为了稳定 R_t 的工作电流，达到稳定其温度系数的目的，设置了稳压管 D_2。R_{W1} 可决定测温电桥的平衡。

（2）差动放大电路。由 A_1 及外围电路组成的差动放大电路，将测温电桥输出电压 ΔU 按比例放大。其输出电压：

$$U_{01} = -\left(\frac{R_7 + R_{W2}}{R_4}\right)U_A + \left(\frac{R_4 + R_7 + R_{W2}}{R_4}\right)\left(\frac{R_6}{R_5 + R_6}\right)U_B$$

当 $R_4 = R_5$，$(R_7 + R_{W2}) = R_6$ 时：

$$U_{01} = \frac{R_7 + R_{W2}}{R_4}(U_B - U_A)$$

R_{W3} 用于差动放大器调零。

可见，差动放大电路的输出电压 U_{01} 仅取决于两个输入电压之差和外部电阻的比值。

（3）滞回比较器。差动放大器的输出电压 U_{01} 输入由 A_2 组成的滞回比较器。

滞回比较器的单元电路如图 9－2 所示，设比较器输出高电平为 U_{oH}，输出低电平为 U_{oL}，参考电压 U_R 加在反相输入端。

当输出为高电平 U_{oH} 时，运放同相输入端电位：

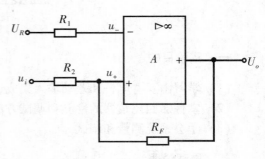

图 9－2　同相滞回比较器

$$u_{+H} = \frac{R_F}{R_2 + R_F}u_i + \frac{R_2}{R_2 + R_F}U_{oH}$$

当 u_i 减小到使 $u_{+H} = U_R$，即

$$u_i = u_{TL} = \frac{R_2 + R_F}{R_F}U_R - \frac{R_2}{R_F}U_{oH}$$

此后，u_i 稍有减小，输出就从高电平跳变为低电平。

当输出为低电平 U_{oL} 时，运放同相输入端电位：

$$u_{+L} = \frac{R_F}{R_2 + R_F}u_i + \frac{R_2}{R_2 + R_F}U_{oL}$$

当 u_i 增大到使 $u_{+L} = U_R$，即

$$u_i = U_{TH} = \frac{R_2 + R_F}{R_F}U_R - \frac{R_2}{R_F}U_{oL}$$

此后，u_i 稍有增加，输出又从低电平跳变为高电平。

因此，U_{TL} 和 U_{TH} 为输出电平跳变时对应的输入电平，常称 U_{TL} 为下门限电平，U_{TH} 为上门限电平，而两者的差值：

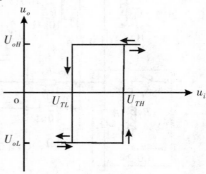

图 9－3　电压传输特性

$$\Delta U_T = U_{TR} - U_{TL} = \frac{R_2}{R_F}(U_{oH} - U_{oL})$$

称为门限宽度，它们的大小可通过调节 R_2/R_F 的比值来调节。

图 9 - 3 为滞回比较器的电压传输特性。

由上述分析可见，差动放大器输出电压 u_{01} 经分压后 A_2 组成的滞回比较器，与反相输入端的参考电压 U_R 相比较，当同相输入端的电压信号大于反相输入端的电压时，A_2 输出正饱和电压，三极管 T 饱和导通。通过发光二极管 LED 的发光情况，可见负载的工作状态为加热。反之，为同相输入信号小于反相输入端电压时，A_2 输出负饱和电压，三极管 T 截止，LED 熄灭，负载的工作状态为停止。调节 R_{W4} 可改变参考电平，也同时调节了上下门限电平，从而达到设定温度的目的。

三、实验设备及器件

（1） ±12V 直流电源。
（2） 函数信号发生器。
（3） 双踪示波器。
（4） 热敏电阻（NTC）。
（5） 运算放大器 μA741×2、晶体三极管 3DG12、稳压管 2CW231、发光管 LED。

四、实验内容

按图 9 - 2 连接实验电路，各级之间暂不连通，形成各级单元电路，以便各单元分别进行调试。

1. 差动放大器

差动放大电路如图 9 - 4 所示，它可实现差动比例运算。

（1） 运放调零。将 A，B 两端对地短路，调节 R_{W3} 使 $U_o = 0$。

（2） 去掉 A，B 端对地短路线。从 A，B 端分别加入不同的两个直流电平。

当电路中 $R_7 + R_{W2} = R_6$，$R_4 = R_5$ 时，其输出电压：

$$u_o = \frac{R_7 + R_{W2}}{R_4}(U_B - U_A)$$

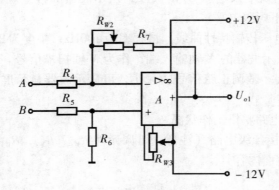

图 9 - 4 差动放大电路

在测试时，要注意加入的输入电压不能太大，以免放大器输出进入饱和区。

（3）将 B 点对地短路，把频率为 100Hz、有效值为 10mV 的正弦波加入 A 点。用示波器观察输出波形。在输出波形不失真的情况下，用交流毫伏表测出 u_i 和 u_o 的电压。计算此差动放大电路的电压放大倍数 A。

2. 桥式测温放大电路

将差动放大电路的 A，B 端与测温电桥的 A'，B' 端相连，构成一个桥式测温放大电路。

（1）在室温下使电桥平衡。在实验室室温条件下，调节 R_{W1}，使差动放大器输出 U_{01} = 0（注意：前面实验中调好的 R_{W3} 不能再动）。

（2）温度系数 K（V/C）。由于测温需升温槽，为使实验简易，可虚设室温 T 及输出电压 U_{01}，温度系数 K 也定为一个常数，具体参数由读者自行填入表 9 – 1 内。

表9 – 1

温度 T/℃	室温/℃	
输出电压 U_{01}/V	0	

从表 9 – 1 中可得到 $K = \Delta U / \Delta T$。

（3）桥式测温放大器的温度 – 电压关系曲线。根据前面测温放大器的温度系数 K，可画出测温放大器的温度 – 电压关系曲线，实验时要标注相关的温度和电压的值，如图 9 – 5 所示。从图中可求得在其他温度时，放大器实际应输出的电压值。也可得到在当前室温时，U_{01} 实际对应值 U_S。

（4）重调 R_{W1}，使测温放大器在当前室温下输出 U_S，即调 R_{W1}，使 $U_{01} = U_S$。

3. 滞回比较器

滞回比较器电路如图 9 – 6 所示。

（1）直流法测试比较器的上下门限电平。首先，确定参考电平 U_R 值。调 R_{W4}，使 U_R = 2V，然后将可变的直流电压 U_i 加入比较器的输入端。比较器的输出电压 U_o 送入示波器 Y 输入端（将示波器的"输入耦合方式开关"置于"DC"，X 轴"扫描触发方式开关"置于"自动"）。改变直流输入电压 U_i 的大小，从示波器屏幕上观察到当 u_0 跳变时所对应的 U_i 值，即为上、下门限电平。

（2）交流法测试电压传输特性曲线。将频率为 100Hz，幅度为 3V 的正弦信号加入比较器输入端，同时送入示波器的 X 轴输入端，作为 X 轴扫描信号。比较器的输出信号送入示波器的 Y 轴输入端。微调正弦信号的大小，可从示波器显示屏上观察到完整的电压传输特性曲线。

4. 温度检测控制电路整机工作状况

（1）按图 9 – 1 连接各级电路（注意：可调元件 R_{W1}，R_{W2}，R_{W3} 不能随意变动。如有变动，必须重新进行前面内容）。

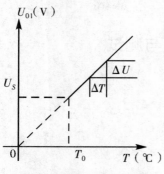

图9-5　温度-电压关系曲线

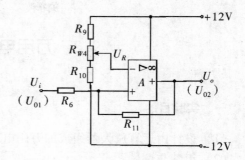

图9-6　滞回比较器电路

（2）根据所需检测报警或控制的温度 T，从测温放大器温度-电压关系曲线中确定对应的 U_{01} 值。

（3）调节 R_{W4} 使参考电压 $U_R' = U_R = U_{01}$。

（4）用加热器升温，观察升温情况，直至报警电路动作报警（在实验电路中当 LED 发光时作为报警），记下动作时对应的温度值 t_1 和 U_{011} 的值。

（5）用自然降温法使热敏电阻降温，记下电路解除时所对应的温度值 t_2 和 U_{012} 的值。

（6）改变控制温度 T，重做（2）、（3）、（4）、（5）内容。把测试结果记入表9-2。根据 t_1 和 t_2 值，可得到检测灵敏度 $t_0 = t_2 - t_1$。

注：实验中的加热装置可用一个 $100\Omega/2W$ 的电阻 R_T 模拟，将此电阻靠近 R_t 即可。

表9-2

	设定温度 $T/℃$						
设定电压	从曲线上查得 U_{01}						
	U_R						
动作温度	$T_1/℃$						
	$T_2/℃$						
动作电压	U_{011}/V						
	U_{012}/V						

五、实验报告

（1）整理实验数据，画出有关曲线、数据表格以及实验线路。

（2）用方格纸画出测温放大电路温度系数曲线及比较器电压传输特性曲线。

（3）实验中的故障排除情况及体会。

9.2　万用电表的设计与测试

一、实验目的

（1）设计由运算放大器组成的万用电表。
（2）组装与调试。

二、设计要求

（1）直流电压表，满量程 +6V。
（2）直流电流表，满量程 10mA。
（3）交流电压表，满量程 6V，50Hz～1KHz。
（4）交流电流表，满量程 10mA。
（5）欧姆表，满量程分别为 1kΩ，10kΩ，100kΩ。

三、原理说明

在测量中，电表的接入应不影响被测电路的原工作状态，这就要求电压表应具有无穷大的输入电阻，电流表的内阻应为零。但实际上，万用电表表头的可动线圈总有一定的电阻，例如 100μA 的表头，其内阻约为 1kΩ，用它进行测量时将影响被测量，引起误差。此外，交流电表中的整流二极管的压降和非线性特性也会产生误差。如果在万用电表中使用运算放大器，就能大大降低这些误差，提高测量精度。在欧姆表中采用运算放大器，不仅能得到线性刻度，还能实现自动调零。

1. 直流电压表

图 9 - 7 为同相端输入，高精度直流电压表电路原理图。

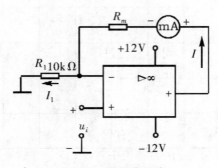

图 9 - 7　直流电压表

为了减小表头参数对测量精度的影响，将表头置于运算放大器的反馈回路中，这时，流经表头的电流与表头的参数无关，只要改变 R_1 一个电阻，就可进行量程的切换。

表头电流 I 与被测电压 U_i 的关系为：

$$I = \frac{U_i}{R_1}$$

应当指出，图9-7适用于测量电路与运算放大器共地的有关电路。此外，当被测电压较高时，在运放的输入端应设置衰减器。

2. 直流电流表

图9-8是浮地直流电流表的电路原理图。在电流测量中，浮地电流的测量是普遍存在的，例如，若被测电流无接地点，就属于这种情况。为此，应把运算放大器的电源也对地浮动，按此种方式构成的电流表就可像常规电流表那样，串联在任何电流通路中测量电流。

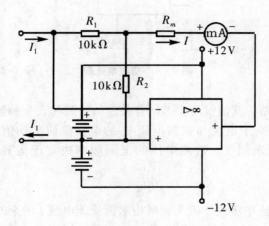

图9-8 直流电流表

表头电流I与被测电流I_1之间的关系为：

$$-I_{1R1} = (I_1 - I)R_2$$

所以：

$$I = \left(1 + \frac{R_1}{R_2}\right)I_1$$

可见，改变电阻比（R_1/R_2），可调节流过电流表的电流，以提高灵敏度。如果被测电流较大时，应给电流表表头并联分流电阻。

3. 交流电压表

由运算放大器、二极管整流桥和直流毫安表组成的交流电压表如图9-9所示。被测交流电压u_i加到运算放大器的同相端，故有很高的输入阻抗，又因为负反馈能减小反馈回路中的非线性影响，故把二极管桥路和表头置于运算放大器的反馈回路中，以减小二极管本身非线性的影响。

表头电流I与被测电压U_i的关系为：

$$I = \frac{U_i}{R_1}$$

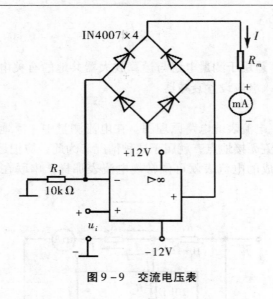

图 9 - 9　交流电压表

电流 I 全部流过桥路，其值仅与 U_i/R_1 有关，与桥路和表头参数（如二极管的死区等非线性参数）无关。表头中电流与被测电压 u_i 的全波整流平均值成正比，若 u_i 为正弦波，则表头可按有效值来刻度。被测电压的上限频率决定于运算放大器的频带和上升速率。

4. 交流电流表

图 9 - 10 为浮地交流电流表，表头读数由被测交流电流 i 的全波整流平均值 I_{1AV} 决定，

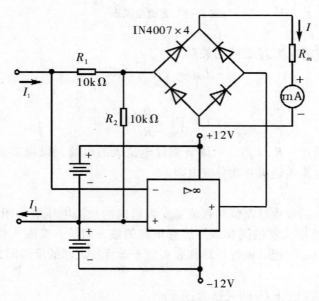

图 9 - 10　交流电流表

即 $I = \left(1 + \dfrac{R_1}{R_2}\right)I_{1AV}$；如果被测电流 i 为正弦电流，即 $i_1 = \sqrt{2}I_1\sin\omega t$，则上式可写为：

$$I = 0.9\left(1 + \dfrac{R_1}{R_2}\right)I_1$$

则表头可按有效值来刻度。

5. 欧姆表

图 9–11 为多量程的欧姆表。

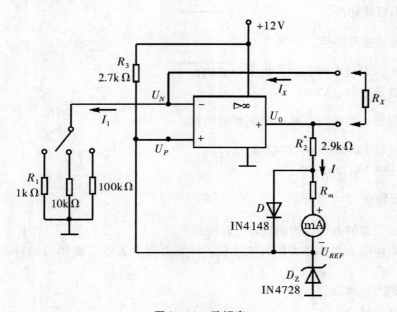

图 9 – 11　欧姆表

在此电路中，运算放大器改由单电源供电，被测电阻 R_X 跨接在运算放大器的反馈回路中，同相端加基准电压 U_{REF}。

因为 $U_P = U_N = U_{REF}$，$I_1 = I_X$，所以 $\dfrac{U_{REF}}{R_1} = \dfrac{U_o - U_{REF}}{R_X}$

即

$$R_X = \frac{R_1}{U_{REF}}\ (U_o - U_{REF})$$

流经表头的电流：

$$I = \frac{U_o - U_{REF}}{R_2 + R_m}$$

由上两式消去（$U_o - U_{REF}$），可得：

$$I = \frac{U_{REF}R_X}{R_1(R_m + R_2)}$$

可见，电流 I 与被测电阻成正比，而且表头具有线性刻度，改变 R_1 值，可改变欧姆表的量程。这种欧姆表能自动调零，当 $R_X = 0$ 时，电路变成电压跟随器，$U_o = U_{REF}$，故表头电流为零，从而实现了自动调零。

二极管 D 起保护电表的作用，如果没有 D，当 R_x 超量程时，特别是当 $R_x \to \infty$，运算放大器的输出电压将接近电源电压，使表头过载。有了 D 就可以使输出箝位，防止表头过载。调整 R_2，可实现满量程调节。

四、实验内容

（1）万用电表的电路是多种多样的，建议用参考电路设计一只较完整的万用电表。

（2）万用电表作电压、电流或欧姆测量时，以及进行量程切换时应用开关切换，但实验时可用引接线切换。

五、实验设备及器件

（1）表头，灵敏度为 1mA，内阻为 100Ω。

（2）运算放大器 μA741。

（3）电阻器，均采用 $\frac{1}{4}$W 的金属膜电阻器。

（4）二极管 IN4007×4，IN4148。

（5）稳压管 IN4728。

六、实验报告

（1）画出完整的万用电表的设计电路原理图。

（2）将万用电表与标准表作测试比较，计算万用电表各功能档的相对误差，分析误差原因。

（3）电路改进建议。

（4）收获与体会。

9.3 晶闸管可控整流电路

一、实验目的

（1）学习单结晶体管和晶闸管的简易测试方法。

（2）熟悉单结晶体管触发电路（阻容移相桥触发电路）的工作原理及调试方法。

（3）熟悉用单结晶体管触发电路控制晶闸管调压电路的方法。

二、原理说明

可控整流电路的作用是把交流电变换为电压值可以调节的直流电。图 9-12 为单相半控桥式整流实验电路。主电路由负载 R_L（灯泡）和晶闸管 T_1 组成，触发电路为单结晶体管 T_2 及一些阻容元件构成的阻容移相桥触发电路。改变晶闸管 T_1 的导通角，便可调节主电路的可控输出整流电压（或电流）的数值，这点可由灯泡负载的亮度变化看出。晶闸管导通角的大小决定于触发脉冲的频率 f，由公式：

$$f = \frac{1}{RC}\ln\left(\frac{1}{1-\eta}\right)$$

可知，当单结晶体管的分压比 η（一般为 $0.5 \sim 0.8$）及电容 C 值固定时，则频率 f 大小由 R 决定，因此，通过调节电位器 R_W，便可以改变触发脉冲频率，主电路的输出电压也随之改变，从而达到可控调压的目的。

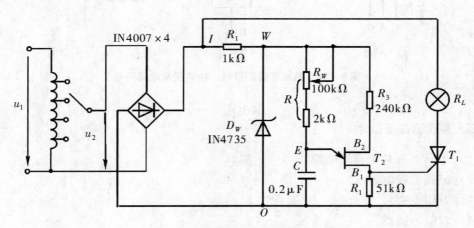

图 9 – 12　单相半控桥式整流实验电路

用万用电表的电阻档（或用数字万用表二极管档）可以对单结晶体管和晶闸管进行简易测试。

图 9 – 13 为单结晶体管 BT33 管脚排列、结构图及电路符号。好的单结晶体管 PN 结正向电阻 R_{EB1}，R_{EB2} 均较小，且 R_{EB1} 稍大于 R_{EB2}，PN 结的反向电阻 R_{B1E}，R_{B2E} 均应很大，根据所测阻值，即可判断出各管脚及管子的质量优劣。

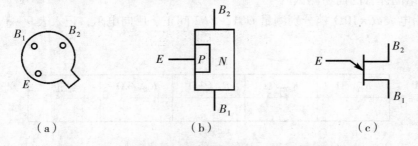

图 9 – 13　单结晶体管 BT33 管脚排列、结构图及电路符号

图 9 – 14 为晶闸管 3CT3A 管脚排列、结构图及电路符号。晶闸管阳极（A）– 阴极（K）及阳极（A）– 门极（G）之间的正、反向电阻 R_{AK}，R_{KA}，R_{AG}，R_{GA} 均应很大，而 G – K 之间为一个 PN 结，PN 结正向电阻应较小，反向电阻应很大。

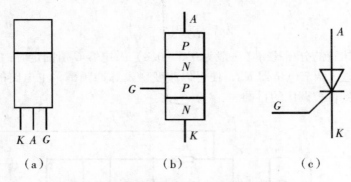

（a）　　　　　　　（b）　　　　　　　（c）

图 9 – 14　晶闸管管脚排列、结构图及电路符号

三、实验设备及器件

（1）　±5V、±12V 直流电源。

（2）可调工频电源。

（3）万用电表。

（4）双踪示波器。

（5）交流毫伏表。

（6）直流电压表。

（7）晶闸管 3CT3A、单结晶体管 BT33、二极管 IN4007 × 4、稳压管 IN4735、灯泡 12V/0.1A。

四、实验内容

1.　单结晶体管的简易测试

用万用电表 $R \times 10\Omega$ 档分别测量 $EB1$，$EB2$ 间正、反向电阻，记入表 9 – 3。

表 9 – 3

R_{EB1}/Ω	R_{EB2}/Ω	$R_{B1E}/k\Omega$	$R_{B2E}/k\Omega$	结论

2.　晶闸管的简易测试

用万用电表 $R \times 1k\Omega$ 档分别测量 A – K，A – G 间正、反向电阻；用 $R \times 10\Omega$ 档测量 G – K 间正、反向电阻，记入表 9 – 4。

表 9 – 4

$RAK/k\Omega$	$RKA/k\Omega$	$RAG/k\Omega$	$RGA/k\Omega$	$RGK/k\Omega$	$RKG/k\Omega$	结论

3. 晶闸管导通，关断条件测试

断开 ±12V、±5V 直流电源，按图 9-15 连接实验电路。

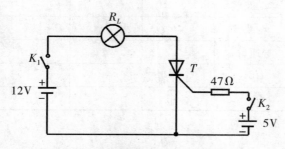

图 9-15　晶闸管导通、关断条件测试

（1）晶闸管阳极加 12V 正向电压，门极：①开路；②加 5V 正向电压，观察管子是否导通（导通时灯泡亮，关断时灯泡熄灭），管子导通；③去掉 +5V 门极电压；④反接门极电压（接 -5V），观察管子是否继续导通。

（2）晶闸管导通后：①去掉 +12V 阳极电压；②反接阳极电压（接 -12V），观察管子是否关断。记录之。

4. 晶闸管可控整流电路

按图 9-12 连接实验电路。取可调工频电源 14V 电压作为整流电路输入电压 u_2，电位器 R_W 置中间位置。

（1）单结晶体管触发电路。

1）断开主电路（把灯泡取下），接通工频电源，测量 u_2 值。用示波器依次观察并记录交流电压 u_2、整流输出电压 u_I（I-0）、削波电压 u_W（W-0）、锯齿波电压 u_E（E-0）、触发输出电压 u_{B1}（B1-0）。记录波形时，注意各波形间对应关系，并标出电压幅度及时间。记入表 9-5。

2）改变移相电位器 R_W 阻值，观察 u_E 及 u_{B1} 波形的变化及 u_{B1} 的移相范围，记入表 9-5。

表 9-5

u_2	u_I	u_W	u_E	u_{B1}	移相范围

（2）可控整流电路。

断开工频电源，接入负载灯泡 R_L，再接通工频电源，调节电位器 R_W，使电灯由暗到中等亮，再到最亮，用示波器观察晶闸管两端电压 u_{T1}、负载两端电压 u_L，并测量负载直流电压 U_L 及工频电源电压 U_2 有效值，记入表 9-6。

表 9 – 6

	暗	较亮	最亮
u_L 波形			
u_T 波形			
导通角 θ			
U_L/V			
U_2/V			

五、实验报告

（1）总结晶闸管导通、关断的基本条件。

（2）画出实验中记录的波形（注意各波形间对应关系），并进行讨论。

（3）对实验数据 U_L 与理论计算数据 $U_L = 0.9U_2\dfrac{1+\cos\alpha}{2}$ 进行比较，并分析产生误差的原因。

（4）分析实验中出现的异常现象。

第 10 章　数字电路综合设计

本章是在参阅大量相关资料和多年教学实践的基础上，给出几个既有很好的学习价值、又有一定的实用性和先进性的综合设计性实验项目，包括数字定时器、数字电压表、数字频率计等典型电路的设计，还包括智力抢答器、拔河游戏机等趣味数字电路的设计。

10.1　智力竞赛抢答器

一、设计目的

（1）学习数字电路中 D 触发器、分频电路、多谐振荡器、CP 时钟脉冲源等单元电路的综合运用。

（2）熟悉智力竞赛抢答器的工作原理。

（3）了解简单数字系统设计、调试及故障排除方法。

二、原理说明

图 10 - 1 为供四人用的智力竞赛抢答装置线路，用以判断抢答优先权。

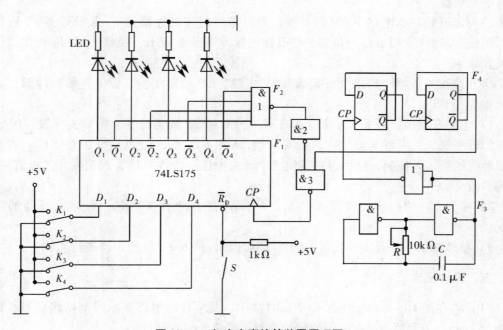

图 10 - 1　智力竞赛抢答装置原理图

图中 F_1 为 4D 触发器 74LS175，它具有公共置 0 端和公共 CP 端，引脚排列见附录；F_2 为双 4 输入与非门 74LS20；F_3 是由 74LS00 组成的多谐振荡器；F_4 是由 74LS74 组成的四分频电路；F_3，F_4 组成抢答电路中的 CP 时钟脉冲源。抢答开始时，由主持人清除信号，按下复位开关 S，74LS175 的输出 $Q_1 \sim Q_4$ 全为 0，所有发光二极管 LED 均熄灭，当主持人宣布"抢答开始"后，首先作出判断的参赛者立即按下开关，对应的发光二极管点亮，同时，通过与非门 F_2 送出信号锁住其余 3 个抢答者的电路，不再接受其他信号，直到主持人再次清除信号为止。

三、设备及器件

（1） +5V 直流电源。
（2）逻辑电平开关。
（3）逻辑电平显示器。
（4）双踪示波器。
（5）数字频率计。
（6）直流数字电压表。
（7）74LS175，74LS20，74LS74，74LS00。

四、设计内容

（1）测试各触发器及各逻辑门的逻辑功能。测试方法参照数字电子技术基础实验的有关内容，判断器件的好坏。

（2）按图 10 - 1 接线，抢答器五个开关接实验装置上的逻辑开关，发光二极管接逻辑电平显示器。

（3）断开抢答器电路中 CP 脉冲源电路，单独对多谐振荡器 F_3 及分频器 F_4 进行调试，调整多谐振荡器 10kΩ 电位器，使其输出脉冲频率约 4kHz，观察 F_3 和 F_4 输出波形及测试其频率。

（4）测试抢答器电路功能。接通 +5V 电源，CP 端接实验装置上连续脉冲源，取重复频率约 1kHz。

1）抢答开始前，开关 K_1，K_2，K_3，K_4 均置"0"，准备抢答，将开关 S 置"0"，发光二极管全熄灭，再将 S 置"1"。抢答开始，K_1，K_2，K_3，K_4 某一开关置"1"，观察发光二极管的亮、灭情况，然后再将其他三个开关中任一个置"1"，观察发光二极管的亮、灭有否改变。

2）重复 1）的内容，改变 K_1，K_2，K_3，K_4 任一个开关状态，观察抢答器的工作情况。

3）整体测试。断开实验装置上的连续脉冲源，接入 F_3 和 F_4，再进行实验。

五、设计报告

（1）若在图 10 - 1 电路中加一个计时功能，要求计时电路显示时间精确到秒，最多限制为 2min，一旦超出限时，则取消抢答权，电路如何改进？

（2）分析智力竞赛抢答装置各部分功能及工作原理。

（3）总结数字系统的设计、调试方法。

（4）分析设计中出现的故障及解决办法。

10.2　数字定时器

一、设计目的

（1）熟悉和掌握运用数字集成电路组成实用电路的原理分析和设计。

（2）掌握数字电路调试和排除故障的方法。

二、原理说明

数字定时器主要由时基产生电路和数字逻辑开关两部分组成。通过逻辑开关的不同组合，可设置 264 种准确的时间。

集成电路 4060 是集晶体振荡器和分频器于一体的 CMOS 电路。通过微调电容 C_1 可以获得准确的 32768Hz 振荡。电路有 14 位二进制分频器，分频系数为 16~16384，由 Q_4~Q_{14} 输出，实验线路图中仅标出 Q_{14} 和 Q_{13}。

双四位二进制计数器 4520 在电路中接成 8 位分频器，对 4060 输出的信号作分频处理，通过 S_1~S_8 开关不同组合，由 8 输入与门得到 255 个时间组合（S_1~S_8 对应 2^0~2^7 倍输入时间），经 D 触发器 4013 得到延时输出信号（4013 双 D 触发器仅用一个）。

三、设备及器件

（1）CD4013，CD4060，CD4068，CD4520，各 1 片。

（2）32768Hz 晶体、3~15pF 可调电容、晶体管 9013、发光二极管各 1 只。

（3）DIP 8 位开关、按键开关各 1 只。

（4）电阻、电容若干只。

四、设计内容

（1）按图 10-2 接线，检查无误后再通电。

（2）先进行各单元电路测试，然后再进行整体测试。

（3）检测时基信号及 4060 分频输出信号并调整。

（4）将 4060 的 3 脚与 4520 的 2 脚连接，按下启动键 0.5s 后发光二极管应亮。

（5）验证预习中计算的时间长度。

将 4060 的输出由（3）改为（2），重复实验。

五、设计报告

（1）如果要获得 1~255s 的时间，应如何改动电路？用实验证明。

（2）本实验用 LED 作模拟负载，是延时接通的模式，要改为延时断开的模式应如何接线？设计电路并实验。

（3）如何用这个定时器控制大功率负载？例如控制 AC220V　2A 的负载工作，设计一两种方案。

（4）总结定时器整个调试过程，列出调试的步骤。

分析调试中发现的问题及故障排除方法。

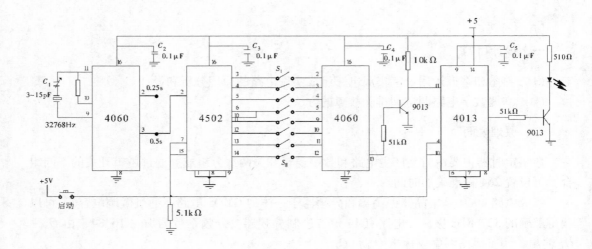

图 10 - 2　实验线路

10.3　$3\frac{1}{2}$ 位直流数字电压表

一、设计目的

（1）了解双积分式 A/D 转换器的工作原理。

（2）熟悉 $3\frac{1}{2}$ 位 A/D 转换器 CC14433 的性能及其引脚功能。

（3）掌握用 CC14433 构成直流数字电压表的方法。

二、原理说明

直流数字电压表的核心器件是一个间接型 A/D 转换器，它首先将输入的模拟电压信号变换成易于准确测量的时间量，然后在这个时间宽度里用计数器计时，计数结果就是正比于输入模拟电压信号的数字量。

1. $V-T$ 变换型双积分 A/D 转换器

图 10 - 3 是双积分 ADC 的控制逻辑框图。它由积分器（包括运算放大器 A_1 和 RC 积分网络）、过零比较器 A_2、N 位二进制计数器、开关控制电路、门控电路、参考电压 V_R 与时钟脉冲源 CP 组成。

转换开始前，先将计数器清零，并通过控制电路使开关 S_o 接通，将电容 C 充分放电。由于计数器进位输出 $Q_C = 0$，控制电路使开关 S 接通 v_i，模拟电压与积分器接通，同时，门 G 被封锁，计数器不工作。积分器输出 v_A 线性下降，经零值比较器 A_2 获得一方波 v_C，打开门 G，计数器开始计数，当输入 2^n 个时钟脉冲后 $t = T_1$，各触发器输出端 $D_{n-1} \sim D_0$ 由 111…1 回到 000…0，其进位输出 $Q_C = 1$，作为定时控制信号，通过控制电路将开关 S 转换至基准电压源 $-V_R$，积分器向相反方向积分，v_A 开始线性上升，计数器重新从 0 开始计数，直到 $t = T_2$，v_A 下降到 0，比较器输出的正方波结束，此时计数器中暂存二进制数字就是 v_i 相对应的二进制数码。

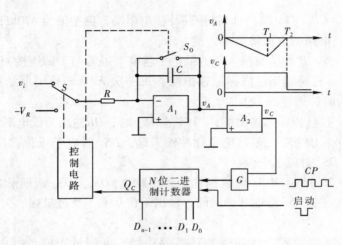

图 10 - 3　双积分 ADC 原理框图

2. $3\frac{1}{3}$ 位双积分 A/D 转换器 CC14433 的性能特点

CC14433 是 CMOS 双积分式 $3\frac{1}{3}$ 位 A/D 转换器，它是将构成数字和模拟电路的 7700 多个 MOS 晶体管集成在一个硅芯片上，芯片有 24 只引脚，采用双列直插式，其引脚排列与功能如图 10 - 4 所示。

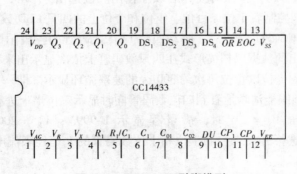

图 10 - 4　CC14433 引脚排列

引脚功能说明如下：

V_{AG}（1 脚）：被测电压 V_X 和基准电压 V_R 的参考地。

V_R（2 脚）：外接基准电压（2V 或 200mV）输入端。

V_X（3 脚）：被测电压输入端。

R_1（4 脚），R_1/C_1（5 脚），C_1（6 脚）：外接积分阻容元件端。

$C_1 = 0.1\mu F$（聚酯薄膜电容器）；$R_1 = 470k\Omega$（2V 量程），$R_1 = 27k\Omega$（200mV 量程）。

C_{01}（7 脚），C_{02}（8 脚）：外接失调补偿电容端，典型值 $0.1\mu F$。

DU（9 脚）：实时显示控制输入端。若与 EOC（14 脚）端连接，则每次 A/D 转换均显示。

CP_1（10 脚），CP_0（11 脚）：时钟振荡外接电阻端，典型值为 $470k\Omega$。

V_{EE}（12 脚）：电路的电源最负端，接 $-5V$。

V_{SS}（13 脚）：除 CP 外所有输入端的低电平基准（通常与 1 脚连接）。

EOC（14 脚）：转换周期结束标记输出端，每一次 A/D 转换周期结束，EOC 输出一个正脉冲，宽度为时钟周期的 $1/2$。

$\overline{OR}$（15 脚）：过量程标志输出端，当 $|V_X| > V_R$ 时，$\overline{OR}$ 输出为低电平。

$DS_4 \sim DS_1$（16 ~ 19 脚）：多路选通脉冲输入端，DS_1 对应于千位，DS_2 对应于百位，DS_3 对应于十位，DS_4 对应于个位。

$Q_0 \sim Q_3$（20 ~ 23 脚）：BCD 码数据输出端。DS_2，DS_3，DS_4 选通脉冲期间，输出三位完整的十进制数；在 DS_1 选通脉冲期间，输出千位 0 或 1 及过量程、欠量程和被测电压极性标志信号。

CC14433 具有自动调零、自动极性转换等功能。可测量正或负的电压值。当 CP_1，CP_0 端接入 $470k\Omega$ 电阻时，时钟频率近似为 66kHz，每秒钟可进行 4 次 A/D 转换。它的使用调试简便，能与微处理机或其他数字系统兼容，广泛用于数字面板表、数字万用表、数字温度计、数字量具及遥测、遥控系统。

3. $3\frac{1}{2}$ 位直流数字电压表的组成（实验线路）

线路结构如图 10 – 5 所示。

（1）被测直流电压 V_X 经 A/D 转换后以动态扫描形式输出，数字量输出端 Q_0，Q_1，Q_2，Q_3 上的数字信号（8421 码）按照时间先后顺序输出。位选信号 DS_1，DS_2，DS_4 通过位选开关 MC1413 分别控制着千位、百位、十位和个位上的四只 LED 数码管的公共阴极。数字信号经七段译码器 CC4511 译码后，驱动四只 LED 数码管的各段阳极。这样，就把 A/D 转换器按时间顺序输出的数据以扫描形式在四只数码管上依次显示出来，由于选通重复频率较高，工作时从高位到低位以每位每次约 $300\mu s$ 的速率循环显示。即一个四位数的显示周期是 1.2ms，所以人的肉眼能清晰地看到四位数码管同时显示三位半十进制数字量。

（2）当参考电压 $V_R = 2V$ 时，满量程显示 1.999V；$V_R = 200mV$ 时，满量程为 199.9mV。可以通过选择开关来控制千位和十位数码管的 h 笔经限流电阻实现对相应的小数点显示的控制。

（3）最高位（千位）显示时只有 b，c 两根线与 LED 数码管的 b、c 脚相接，所以千位只显示 1 或不显示，用千位的 g 笔段来显示模拟量的负值（正值不显示），即由 CC14433 的 Q_2 端通过 NPN 晶体管 9013 来控制 g 段。

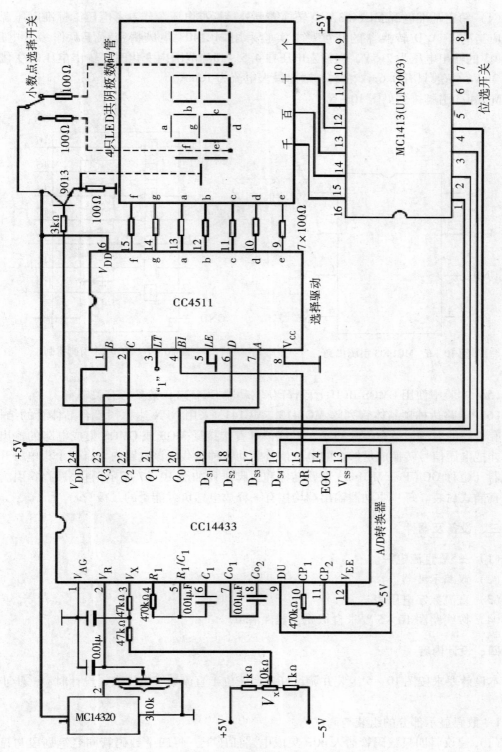

图 10 – 5　$3\frac{1}{2}$ 位直流数字电压表的组成

（4）精密基准电源 MC1403A/D 转换需要外接标准电压源作参考电压。标准电压源的精度应当高于 A/D 转换器的精度。本实验采用 MC1403 集成精密稳压源作参考电压，MC1403 的输出电压为 2.5V，当输入电压在 4.5～15V 范围内变化时，输出电压的变化不超过 3mV，一般只有 0.6mV 左右，输出最大电流为 10mA。

MC1403 引脚排列见图 10 - 6。

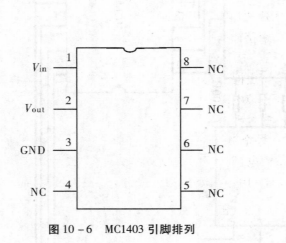

图 10 - 6　MC1403 引脚排列

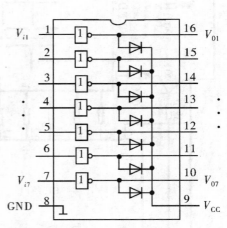

图 10 - 7　MC1413 引脚排列

（5）实验中使用 CMOS BCD 七段译码/驱动器 CC4511，请参考有关资料。

（6）七路达林顿晶体管列阵 MC1413。MC1413 采用 NPN 达林顿复合晶体管的结构，因此有很高的电流增益和很高的输入阻抗，可直接接受 MOS 或 CMOS 集成电路的输出信号，并把电压信号转换成足够大的电流信号驱动各种负载。该电路内含有七个集电极开路反相器（也称 OC 门）。MC1413 电路结构和引脚排列如图 10 - 7 所示，它采用 16 引脚的双列直插式封装。每一驱动器输出端均接有一释放电感负载能量的二极管。

三、设备及器件

（1）±5V 直流电源。

（2）双踪示波器。

（3）直流数字电压表。

（4）按线路图 10 - 5 要求自拟元、器件清单。

四、设计内容

本设计要求按图 10 - 5 组装并调试好一台三位半直流数字电压表，设计时应一步步地进行。

1. 数码显示部分的组装与调试

（1）建议将四只数码管插入 40P 集成电路插座上，将四个数码管同名笔划段与显示译码的相应输出端连在一起，其中最高位只要将 b，c，g 三笔划段接入电路，但暂不插所有的芯片，待用。

（2）插好芯片 CC4511 与 MC1413，并将 CC4511 的输入端 A，B，C，D 接至拨码开关对应的 A，B，C，D 四个插口处；将 MC1413 的 1，2，3，4 脚接至逻辑开关输出插口上。

（3）将 MC1413 的 2 脚置"1"；1，3，4 脚置"0"。接通电源，拨动码盘（按"＋"或"－"键）自 0~9 变化，检查数码管是否按码盘的指示值变化。

（4）按设计原理说明 3（5）项的要求，检查译码显示是否正常。

（5）分别将 MC1413 的 3，4，1 脚单独置"1"，重复（3）的内容。

如果所有 4 位数码管显示正常，则去掉数字译码显示部分的电源，备用。

2. 标准电压源的连接和调整

插上 MC1403 基准电源，用标准数字电压表检查输出是否为 2.5V，然后调整 10kΩ 电位器，使其输出电压为 2.00V，调整结束后去掉电源线，供总装时备用。

3. 总装总调

（1）插好芯片 MC14433，按图 10-5 接好全部线路。

（2）将输入端接地，接通 +5V，-5V 电源（先接好地线），此时显示器将显示"000"值，如果不是，应检测电源正负电压。用示波器测量，观察 D_{S1} ~ D_{S4}，Q_0 ~ Q_3 波形，判别故障所在。

（3）用电阻、电位器构成一个简单的输入电压 V_X 调节电路，调节电位器，4 位数码将相应变化，然后进入下一步精调。

（4）用标准数字电压表（或用数字万用表代）测量输入电压，调节电位器，使 $V_X = 1.000V$，这时被调电路的电压指示值不一定显示"1.000"，应调整基准电压源，使指示值与标准电压表误差个位数在 5 之内。

（5）改变输入电压 V_X 极性，使 $V_i = -1.000V$，检查"-"是否显示，并按（4）方法校准显示值。

（6）在 +1.999V ~ 0 ~ -1.999V 量程内再一次仔细调整（调基准电源电压），使全部量程内的误差均不超过个位数在 5 之内。

至此一个测量范围在 ±1.999 的三位半数字直流电压表调试成功。

4. 记录数据

记录输入电压为 ±1.999V，±1.500V，±1.000V，±0.500V，0.000V 时（标准数字电压表的读数）被调数字电压表的显示值，列表记录之。

5. 用自制数字电压表测量正、负电源电压

如何测量，试设计扩程测量电路。

五、设计报告

（1）参考电压 V_R 上升，显示值增大还是减少？

（2）要使显示值保持某一时刻的读数，电路应如何改动？

（3）绘出三位半直流数字电压表的电路接线图。

（4）阐明组装、调试步骤。

（5）说明调试过程中遇到的问题和解决的方法。

10.4 数字频率计

一、设计目的

（1）熟悉数字频率计的工作原理。
（2）掌握数字频率计的使用方法和设计方法。

二、原理说明

数字频率计是用于测量信号（方波、正弦波或其他脉冲信号）的频率，并用十进制数字显示，它具有精度高、测量迅速、读数方便等优点。

脉冲信号的频率就是在单位时间内所产生的脉冲个数，其表达式为 $f = N/T$，其中 f 为被测信号的频率，N 为计数器所累计的脉冲个数，T 为产生 N 个脉冲所需的时间。计数器所记录的结果，就是被测信号的频率。如在 1s 内记录 1000 个脉冲，则被测信号的频率为 1000Hz。

本实验课题所讨论的一种简易数字频率计原理方框图如图 10 - 8 所示。

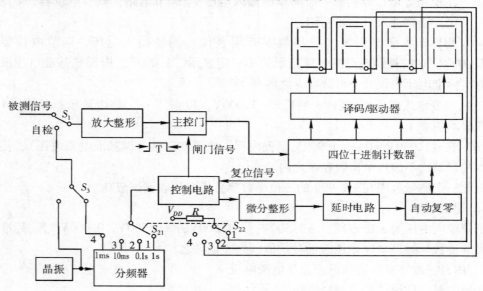

图 10 - 8 数字频率计原理框图

晶振产生较高的标准频率，经分频器后可获得各种时基脉冲（1ms，10ms，0.1s，1s等），时基信号的选择由开关 S_2 控制。被测频率的输入信号经放大整形后变成矩形脉冲加到主控门的输入端，如果被测信号为方波，放大整形可以不要，将被测信号直接加到主控门的输入端。时基信号经控制电路产生闸门信号至主控门，只有在闸门信号采样期间内（时基信号的一个周期），输入信号才通过主控门。若时基信号的周期为 T，进入计数器的

输入脉冲数为 N，则被测信号的频率 $f = N/T$，改变时基信号的周期 T，即可得到不同的测频范围。当主控门关闭时，计数器停止计数，显示器显示记录结果。此时，控制电路输出一个置零信号，经延时、整形电路的延时，当达到所调节的延时时间时，延时电路输出一个复位信号，使计数器和所有的触发器置 0，为后续新的一次取样做好准备，即能锁住一次显示的时间，使保留到接受新的一次取样为止。

当开关 S_2 改变量程时，小数点能自动移位。

若开关 S_1，S_3 配合使用，可将测试状态转为"自检"工作状态（即用时基信号本身作为被测信号输入）。

1. 控制电路

控制电路与主控门电路如图 10 - 9 所示。

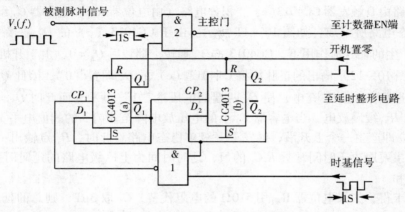

图 10 - 9　控制电路及主控门电路

主控电路由双 D 触发器 CC4013 及与非门 CC4011 构成。CC4013(a) 的任务是输出闸门控制信号，以控制主控门 2 的开启与关闭。如果通过开关 S_2 选择一个时基信号，当给与非门 1 输入一个时基信号的下降沿时，门 1 就输出一个上升沿，则 CC4013(a) 的 Q_1 端就由低电平变为高电平，将主控门 2 开启，允许被测信号通过该主控门并送至计数器输入端进行计数。相隔 1s（或 0.1s，10ms，1ms）后，又给与非门 1 输入一个时基信号的下降沿，与非门 1 输出端又产生一个上升沿，使 CC4013(a) 的 Q_1 端变为低电平，将主控门关闭，使计数器停止计数。同时 $\overline{Q_1}$ 端产生一个上升沿，使 CC4013(b) 翻转成 $Q_2 = 1$，$\overline{Q_2} = 0$，由于 $\overline{Q_2} = 0$，它立即封锁与非门 1 不再让时基信号进入 CC4013(a)，保证在显示读数的时间内 Q_1 端始终保持低电平，使计数器停止计数。

利用 Q_2 端的上升沿送到下一级的延时、整形单元电路。当到达所调节的延时时间时，延时电路输出端立即输出一个正脉冲，将计数器和所有 D 触发器全部置 0。复位后，$Q_1 = 0$，$\overline{Q_1} = 1$，为下一次测量做好准备。当时基信号又产生下降沿时，则上述过程重复。

2. 微分、整形电路

电路如图 10 - 10 所示。CC4013(b) 的 Q_2 端所产生的上升沿经微分电路后，送到由与非门 CC4011 组成的斯密特整形电路的输入端，在其输出端可得到一个边沿十分陡峭且具有一定脉冲宽度的负脉冲，然后再送至下一级延时电路。

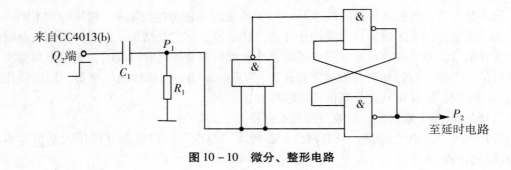

图 10 – 10　微分、整形电路

3. 延时电路

延时电路由 D 触发器 CC4013(c)、积分电路（由电位器 R_{W1} 和电容器 C_2 组成）、非门 3 以及单稳态电路所组成，如图 10 – 11 所示。由于 CC4013（c）的 D_3 端接 V_{DD}，因此，在 P_2 点所产生的上升沿作用下，CC4013（c）翻转，翻转后 $\overline{Q}_3 = 0$，由于开机置"0"时或门 1（见图 10 – 12）输出的正脉冲将 CC4013（c）的 Q_3 端置"0"，因此 $\overline{Q}_3 = 1$，经二极管 2AP9 迅速给电容 C_2 充电，使 C_2 两端的电压达"1"电平，而此时 $\overline{Q}_3 = 0$，电容器 C_2 经电位器 R_{W1} 缓慢放电。当电容器 C_2 上的电压放电降至非门 3 的阈值电平 V_T 时，非门 3 的输出端立即产生一个上升沿，触发下一级单稳态电路。此时，P_3 点输出一个正脉冲，该脉冲宽度主要取决于时间常数 $R_t C_t$ 的值，延时时间为上一级电路的延时时间及这一级延时时间之和。

由实验求得，如果电位器 R_{W1} 用 510Ω 的电阻代替，C_2 取 3μF，则总的延迟时间也就是显示器所显示的时间为 3s 左右。如果电位器 R_{W1} 用 2MΩ 的电阻取代，C_2 取 22μF，则显示时间可达 10s 左右。可见，调节电位器 R_{W1} 可以改变显示时间。

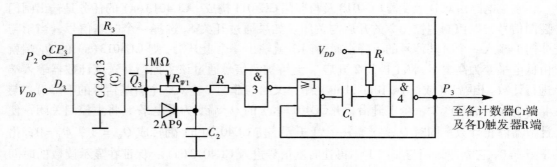

图 10 – 11　延时电路

4. 自动清零电路

P_3 点产生的正脉冲送到图 10 – 12 所示的或门组成的自动清零电路，将各计数器及所有的触发器置零。在复位脉冲的作用下，$Q_3 = 0$，$\overline{Q}_3 = 1$，于是 $\overline{Q}$ 端的高电平经二极管 2AP9 再次对电容 C_2 充电，补上刚才放掉的电荷，使 C_2 两端的电压恢复为高电平，又因为 CC4013（b）复位后使 Q_2 再次变为高电平，所以与非门 1 又被开启，电路重复上述变化过程。

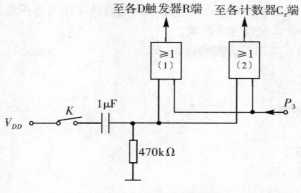

图 10 - 12　自动清零电路

三、设计任务和要求

使用中、小规模集成电路设计与制作一台简易的数字频率计。应具有下述功能：

（1）位数。

计 4 位十进制数：计数位数主要取决于被测信号频率的高低，如果被测信号频率较高，精度又较高，可相应增加显示位数。

（2）量程。

第一档：最小量程挡，最大读数是 9.999kHz，闸门信号的采样时间为 1s。

第二档：最大读数为 99.99kHz，闸门信号的采样时间为 0.1s。

第三档：最大读数为 999.9kHz，闸门信号的采样时间为 10ms。

第四档：最大读数为 9999kHz，闸门信号的采样时间为 1ms。

（3）显示方式。

1）用七段 LED 数码管显示读数，做到显示稳定、不跳变。

2）小数点的位置跟随量程的变更而自动移位。

3）为了便于读数，要求数据显示的时间在 0.5 ~ 5s 内连续可调。

（4）具有"自检"功能。

（5）被测信号为方波信号。

（6）画出设计的数字频率计的电路总图。

（7）组装和调试。

1）时基信号通常使用石英晶体振荡器输出的标准频率信号经分频电路获得。为了实验调试方便，可用实验设备上脉冲信号源输出的 1kHz 方波信号经 3 次 10 分频获得。

2）按设计的数字频率计逻辑图在实验装置上布线。

3）用 1kHz 方波信号送入分频器的 CP 端，用数字频率计检查各分频级的工作是否正常。用周期为 1s 的信号作控制电路的时基信号输入，用周期等于 1ms 的信号作被测信号，用示波器观察和记录控制电路输入、输出波形，检查控制电路所产生的各控制信号能否按正确的时序要求控制各个子系统。用周期为 1s 的信号送入各计数器的 CP 端，用发光二极管指示检查各计数器的工作是否正常。用周期为 1s 的信号作延时、整形单元电路的输入，用两只发光二极管作指示，检查延时、整形单元电路的工作是否正常。若各个子系统的工作都正常了，再将各子系统连起来统调。

（8）调试合格后，写出综合实验报告。

四、设备与器件

（1） +5V 直流电源。

（2）双踪示波器。

（3）连续脉冲源。

（4）逻辑电平显示器。

（5）直流数字电压表。

（6）数字频率计。

（7）主要元器件（供参考）：

CC4518（二－十进制同步计数器）4 只；

CC4553（三位十进制计数器）、CC4013（双 D 型触发器）、CC4011（四 2 输入与非门）各 2 只；

CC4069（六反相器）、CC4001（四 2 输入或非门）、CC4071（四 2 输入或门）、2AP9（二极管）、电位器（1MΩ）各 1 只；电阻、电容若干。

说明：

（1）若测量的频率范围低于 1MHz，分辨率为 1Hz，建议采用如图 10－13 所示的电路，只要选择参数正确，连线无误，通电后即能正常工作，无需调试。有关它的工作原理留给同学们自行研究分析。

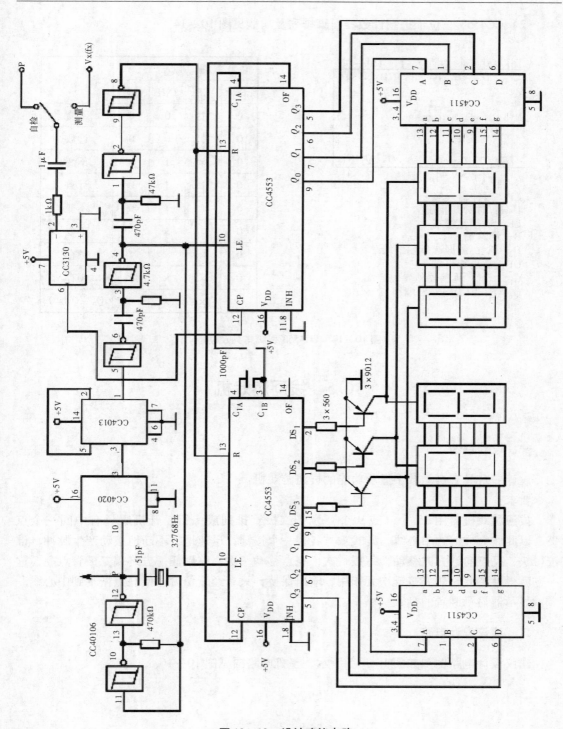

图 10-13　设计建议电路

（2）CC4553 三位十进制计数器引脚排列及功能见图 10－14。

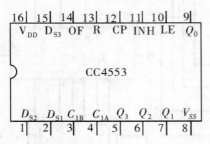

	输　　入			输　　出
CR	CP	INH	LE	
0	↑	0	0	不变
0	↓	0	0	计数
0	×	1	×	不变
0	1	↑	0	计数
0	1	↓	0	不变
0	0	×	×	不变
0	×	×	↑	锁存
0	×	×	1	锁存
1	×	×	0	$Q_0 \sim Q_3 = 0$

CP：时钟输入端
INH：时钟禁止端
LE：锁存允许端
R：清除端
$D_{S1} \sim D_{S3}$：数据选择输出端
OF：溢出输出端
C_{1A}、C_{1B}：震荡器外界电容端
$Q_0 \sim Q_3$：BCD码输出端

图 10－14　CC4553 引脚排列及功能

10.5　拔河游戏机

一、设计目的

设计一台具有自动数字显示功能的拔河游戏机。
要求：
拔河游戏机需用 15 个（或 9 个）发光二极管排列成一行，开机后只有中间一个点亮，以此作为拔河的中心线，游戏双方各持一个按键，迅速地、不断地按动产生脉冲，谁按得快，亮点向谁方向移动，每按一次，亮点移动一次。移到任一方终端二极管点亮，这一方就得胜，此时双方按键均无作用，输出保持，只有经复位后才使亮点恢复到中心线。
显示器显示胜者的盘数。

二、建议设计电路

建议设计电路框图如图 10－15 所示，整机电路图见图 10－16。

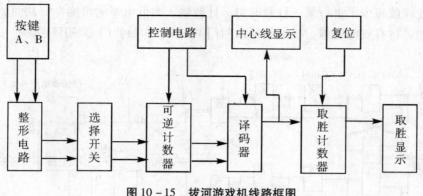

图 10 - 15　拔河游戏机线路框图

三、设备及元器件

（1）　+5V 直流电源。

（2）　译码显示器。

（3）　逻辑电平开关。

（4）　CC4514，4 线 – 16 线译码/分配器；CC40193，同步递增/递减二进制计数器；CC4518，十进制计数器；CC4081，与门；CC4011 × 3 与非门；CC4030，异或门；电阻 1kΩ ×4。

四、设计步骤

图 10 - 16 为拔河游戏机整机线路图。

可逆计数器 CC40193 原始状态输出 4 位二进制数 0000，经译码器输出使中间的一只发光二极管点亮。当按动 A、B 两个按键时，分别产生两个脉冲信号，经整形后分别加到可逆计数器上，可逆计数器输出的代码经译码器译码后驱动发光二极管点亮并产生位移，当亮点移到任何一方终端后，由于控制电路的作用，使这一状态被锁定，而对输入脉冲不起作用。如按动复位键，亮点又回到中点位置，比赛又可重新开始。

将双方终端二极管的正端分别经两个与非门后接至两个十进制计数器 CC4518 的允许控制端 EN，当任一方取胜，该方终端二极管点亮，产生一个下降沿使其对应的计数器计数。这样，计数器的输出即显示了胜者取胜的盘数。

1. 编码电路

编码器有两个输入端，四个输出端，要进行加/减计数，因此选用 CC40193 双时钟二进制同步加/减计数器来完成。

2. 整形电路

CC40193 是可逆计数器，控制加减的 CP 脉冲分别加至 5 脚和 4 脚，此时当电路要求进行加法计数时，减法输入端 CP_D 必须接高电平；进行减法计数时，加法输入端 CP_U 也必须接高电平，若直接由 A，B 键产生的脉冲加到 5 脚或 4 脚，那么就有很多时机在进行计数输入时另一计数输入端为低电平，使计数器不能计数，双方按键均失去作用，拔河比赛不能正常进行。加一整形电路，使 A，B 二键出来的脉冲经整形后变为一个占空比很大的脉冲，这样就减少了进行某一计数时另一计数输入为低电平的可能性，从而使每按一次键都有可能进行有效的计数。整形电路由与门 CC4081 和与非门 CC4011 实现。

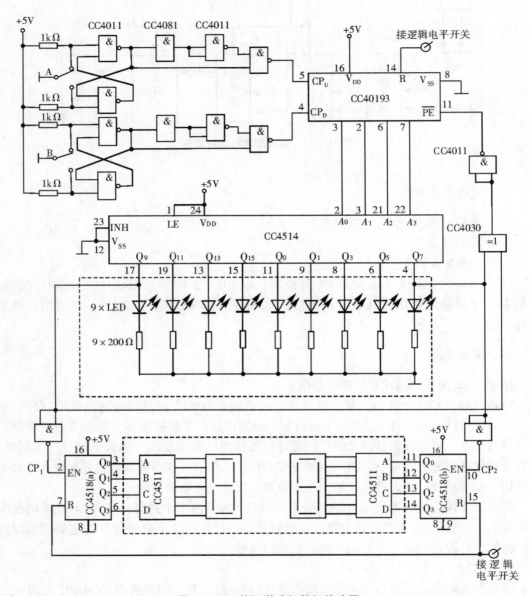

图 10－16　拔河游戏机整机线路图

3．译码电路

选用 4－16 线 CC4514 译码器。译码器的输出 $Q_0 \sim Q_{14}$ 分接 15 个（或 9 个）发光二极管，二极管的负端接地，而正端接译码器。这样，当输出为高电平时发光二极管点亮。

比赛准备，译码器输入为 0000，Q_0 输出为"1"，中心处二极管首先点亮，当编码器进行加法计数时，亮点向右移，进行减法计数时，亮点向左移。

4. 控制电路

为指示出谁胜谁负，需用一个控制电路。当亮点移到任何一方的终端时，判该方为胜，此时双方的按键均宣告无效。此电路可用异或门 CC4030 和与非门 CC4011 来实现。将双方终端二极管的正极接至异或门的两个输入端，当获胜一方为 "1"，而另一方则为 "0"，异或门输出为 "1"，经与非门产生低电平 "0"，再送到 CC40193 计数器的置数端 $\overline{PE}$，于是计数器停止计数，处于预置状态，由于计数器数据端 A，B，C，D 和输出端 Q_A，Q_B，Q_C，Q_D 对应相连，输入也就是输出，从而使计数器对输入脉冲不起作用。

5. 胜负显示

将双方终端二极管正极经非门后的输出分别接到两个 CC4518 计数器的 EN 端，CC4518 的两组 4 位 BCD 码分别接到实验装置的两组译码显示器的 A，B，C，D 插口处。当一方取胜时，该方终端二极管发亮，产生一个上升沿，使相应的计数器进行加一计数，于是就得到了双方取胜次数的显示，若一位数不够，则进行二位数的级联。

6. 复位

为能进行多次比赛而需要进行复位操作，使亮点返回中心点，可用一个开关控制 CC40193 的清零端 R 即可。

胜负显示器的复位也应用一个开关来控制胜负计数器 CC4518 的清零端 R，使其重新计数。

五、设计报告

讨论设计结果，总结设计收获。

注：

（1）CC4514 4 线 – 16 线译码器引脚排列及功能（图 10 – 17）。

$A_0 \sim A_3$——数据输入端；
INH——输出禁止控制端；
LE——数据锁存控制端；
$Y_0 \sim Y_{15}$——数据输出端。

输　　入						高电平输出端	输　　入						高电平输出端
LE	INH	A_3	A_2	A_1	A_0		LE	INH	A_3	A_2	A_1	A_0	
1	0	0	0	0	0	Y_0	1	0	1	0	0	1	Y_9
1	0	0	0	0	1	Y_1	1	0	1	0	1	0	Y_{10}
1	0	0	0	1	0	Y_2	1	0	1	0	1	1	Y_{11}
1	0	0	0	1	1	Y_3	1	0	1	1	0	0	Y_{12}
1	0	0	1	0	0	Y_4	1	0	1	1	0	1	Y_{13}
1	0	0	1	0	1	Y_5	1	0	1	1	1	0	Y_{14}
1	0	0	1	1	0	Y_6	1	0	1	1	1	1	Y_{15}
1	0	0	1	1	1	Y_7	1	1	×	×	×	×	无
1	0	1	0	0	0	Y_8	0	0	×	×	×	×	①

注：①输出状态锁定在上一个 LE = "1" 时，$A_0 \sim A_3$ 的输入状态。

图 10 – 17

（2）CC4518 双十进制同步计数器引脚排列及功能（图 10 – 18）。

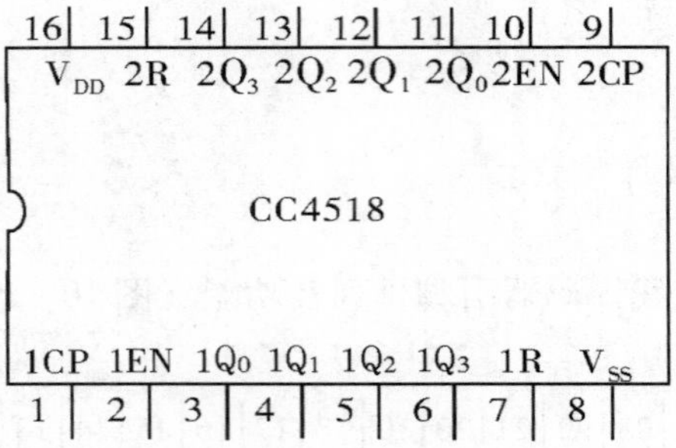

1CP，2CP——时钟输入端；

1R，2R——清除端；

1EN，2EN——计数允许控制端；

$1Q_0 \sim 1Q_3$——计数器输出端；

$2Q_0 \sim 2Q_3$——计数器输出端。

输　　入			输出功能
CP	R	EN	
↑	0	1	加计数
0	0	↓	加计数
↓	0	×	保持
×	0	↑	
↑	0	0	
1	0	↓	
×	1	×	全部为 "0"

图 10 – 18

附　　录

附录 1　示波器原理及使用

一、示波器的基本结构

示波器的种类很多，但它们都包含下列基本组成部分，如附图 1 - 1 所示。

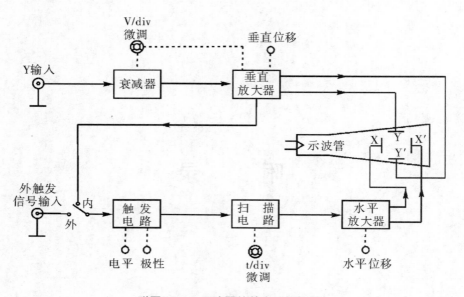

附图 1 - 1　示波器的基本结构框图

1. 主机

主机包括示波管及其所需的各种直流供电电路，在面板上的控制旋钮有辉度、聚焦、水平移位、垂直移位等。

2. 垂直通道

垂直通道主要用来控制电子束按被测信号的幅值大小在垂直方向上的偏移。

垂直通道包括 Y 轴衰减器、Y 轴放大器和配用的高频探头。通常，示波管的偏转灵敏度比较低，因此在一般情况下，被测信号往往需要通过 Y 轴放大器放大后加到垂直偏转板上，才能在屏幕上显示出一定幅度的波形。Y 轴放大器的作用是提高了示波管 Y 轴偏转灵敏度。为了保证 Y 轴放大不失真，加到 Y 轴放大器的信号不宜太大，但是实际的被测信号幅度往往在很大范围内变化，此 Y 轴放大器前还必须加一个 Y 轴衰减器，以适应观察不同幅度的被测信号。示波器面板上设有"Y 轴衰减器"（通常称"Y 轴灵敏度选择"开关）和"Y 轴增益微调"旋钮，分别调节 Y 轴衰减器的衰减量和 Y 轴放大器的增益。

对 Y 轴放大器的要求是：增益大，频响好，输入阻抗高。

为了避免杂散信号的干扰，被测信号一般都通过同轴电缆或带有探头的同轴电缆加到示波器 Y 轴输入端。但必须注意，被测信号通过探头幅值将衰减（或不衰减），其衰减比为 10∶1（或 1∶1）。

3. 水平通道

水平通道主要是控制电子束按时间值在水平方向上偏移。

水平通道主要由扫描发生器、水平放大器、触发电路组成。

（1）扫描发生器。扫描发生器又叫锯齿波发生器，用来产生频率调节范围宽的锯齿波，作为 X 轴偏转板的扫描电压。锯齿波的频率（或周期）调节是由"扫描速率选择"开关和"扫速微调"旋钮控制的。使用时，调节"扫速选择"开关和"扫速微调"旋钮，使其扫描周期为被测信号周期的整数倍，保证屏幕上显示稳定的波形。

（2）水平放大器，其作用与垂直放大器一样，将扫描发生器产生的锯齿波放大到 X 轴偏转板所需的数值。

（3）触发电路。用于产生触发信号以实现触发扫描的电路。为了扩展示波器应用范围，一般示波器上都设有触发源控制开关，触发电平与极性控制旋钮和触发方式选择开关等。

二、示波器的二踪显示

1. 二踪显示原理

示波器的二踪显示是依靠电子开关的控制作用来实现的。

电子开关由"显示方式"开关控制，共有五种工作状态，即 Y_1、Y_2、$Y_1 + Y_2$、交替、断续。当开关置于"交替"或"断续"位置时，荧光屏上便可同时显示两个波形。当开关置于"交替"位置时，电子开关的转换频率受扫描系统控制，工作过程如附图 1 - 2 所示。即电子开关首先接通 Y_2 通道，进行第一次扫描，显示由 Y_2 通道送入的被测信号的波形；然后电子开关接通 Y_1 通道，进行第二次扫描，显示由 Y_1 通道送入的被测信号的波形；接着再接通 Y_2 通道……这样便轮流地对 Y_2 和 Y_1 两通道送入的信号进行扫描、显示，由于电子开关转换速度较快，每次扫描的回扫线在荧光屏上又不显示出来，借助于荧光屏的余辉作用和人眼的视觉暂留特性，使用者便能在荧光屏上同时观察到两个清晰的波形。这种工作方式适宜于观察频率较高的输入信号场合。

当开关置于"断续"位置时，相当于将一次扫描分成许多个相等的时间间隔。在第一次扫描的第一个时间间隔内显示 Y_2 信号波形的某一段；在第二个时间间隔内显示 Y_1 信号波形的某一段；以后各个时间间隔轮流地显示 Y_2、Y_1 两信号波形的其余段，经过若干次断续转换，使荧光屏上显示出两个由光点组成的完整波形如附图 1 - 3（a）所示。由于转换的频率很高，光点靠得很近，其间隙用肉眼几乎分辨不出，再利用消隐的方法使两通道间转换过程的过渡线不显示出来，见附图 1 - 3（b），因而同样可达到同时清晰地显示两个波形的目的。这种工作方式适合于输入信号频率较低时使用。

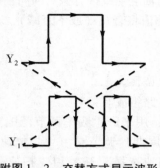

附图 1 - 2　交替方式显示波形

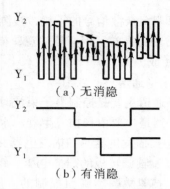

（a）无消隐

（b）有消隐

附图 1 - 3　断续方式显示波形

2. 触发扫描

在普通示波器中，X 轴的扫描总是连续进行的，称为"连续扫描"。为了能更好地观测各种脉冲波形，在脉冲示波器中，通常采用"触发扫描"。采用这种扫描方式时，扫描发生器将工作在待触发状态。它仅在外加触发信号作用下，时基信号才开始扫描，否则便不扫描。这个外加触发信号通过触发选择开关分别取自"内触发"（Y 轴的输入信号经由内触发放大器输出触发信号），也可取自"外触发"输入端的外接同步信号。其基本原理是利用这些触发脉冲信号的上升沿或下降沿来触发扫描发生器，产生锯齿波扫描电压，然后经 X 轴放大后送 X 轴偏转板进行光点扫描。适当地调节"扫描速率"开关和"电平"调节旋钮，能方便地在荧光屏上显示具有合适宽度的被测信号波形。

上面介绍了示波器的基本结构，下面将结合使用介绍电子技术实验中常用的 CA8020型双踪示波器。

三、CA8020 型双踪示波器

1. 概述

CA8020 型示波器为便携式双通道示波器。本机垂直系统具有 0 ～ 20MHz 的频带宽度和 5mV/div ～ 5V/div 的偏转灵敏度，配以 10：1 探极，灵敏度可达 5V/div。本机在全频带范围内可获得稳定触发，触发方式设有常态、自动、TV 和峰值自动，尤其峰值自动给使用带来了极大的方便。内触设置了交替触发，可以稳定地显示两个频率不相关的信号。本机水平系统具有 0.5s/div ～ 0.2μS/div 的扫描速度，并设有扩展 ×10，可将最快扫速度提高到 20ns/div。

2. 面板控制件介绍

CA8020 型双踪示波器面板详见附图 1−4。

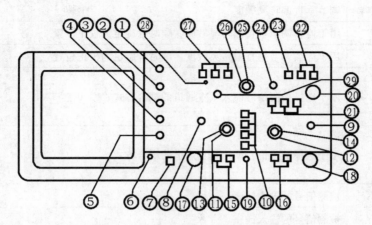

附图 1−4　CA8020 型双踪示波器面板图

CA8020 型双踪示波器面板图功能说明详见附表 1−1。

附表 1−1　面板图功能说明

序号	控制件名称	功　能
①	亮度	调节光迹的亮度
②	辅助聚焦	与聚焦配合，调节光迹的清晰度
③	聚焦	调节光迹的清晰度
④	迹线旋转	调节光迹与水平刻度线平行
⑤	校正信号	提供幅度为 0.5V，频率为 1kHz 的方波信号，用于校正 10∶1 探极的补偿电容器和检测示波器垂直与水平的偏转因数
⑥	电源指示	电源接通时，灯亮
⑦	电源开关	电源接通或关闭
⑧)	CH1 移位 PULL CH1 − X CH2 − Y	调节通道 1 光迹在屏幕上的垂直位置，用作 X − Y 显示
⑨	CH2 移位 PULL INVERT	调节通道 2 光迹在屏幕上的垂直位置，在 ADD 方式时使用 CH1 + CH2 或 CH1 − CH2
⑩	垂直方式	CH1 或 CH2：通道 1 或通道 2 单独显示 ALT：两个通道交替显示 CHOP：两个通道断续显示，用于扫速较慢时的双踪显示 ADD：用于两个通道的代数和或差
⑪	垂直衰减器	调节垂直偏转灵敏度

续附表 1－1

序号	控制件名称	功　能
⑫	垂直衰减器	调节垂直偏转灵敏度
⑬	微调	用于连续调节垂直偏转灵敏度，顺时针旋足为校正位置
⑭	微调	用于连续调节垂直偏转灵敏度，顺时针旋足为校正位置
⑮	耦合方式（AC－DC－GND）	用于选择被测信号馈入垂直通道的耦合方式
⑯	耦合方式（AC－DC－GND）	用于选择被测信号馈入垂直通道的耦合方式
⑰	CH1 OR X	被测信号的输入插座
⑱	CH2 OR Y	被测信号的输入插座
⑲	接地（GND）	与机壳相连的接地端
⑳	外触发输入	外触发输入插座
㉑	内触发源	用于选择 CH1、CH2 或交替触发
㉒	触发源选择	用于选择触发源为 INT（内），EXT（外）或 LINE（电源）
㉓	触发极性	用于选择信号的上升或下降沿触发扫描
㉔	电平	用于调节被测信号在某一电平触发扫描
㉕	微调	用于连续调节扫描速度，顺时针旋足为校正位置
㉖	扫描速率	用于调节扫描速度
㉗	触发方式	常态（NORM）：无信号时，屏幕上无显示；有信号时，与电平控制配合显示稳定波形 自动（AUTO）：无信号时，屏幕上显示光迹；有信号时，与电平控制配合显示稳定波形 电视场（TV）：用于显示电视场信号 峰值自动（P－P　AUTO）：无信号时，屏幕上显示光迹；有信号时，无须调节电平即能获得稳定波形显示
㉘	触发指示	在触发扫描时，指示灯亮
㉙	水　平　移　位 PULL×10	调节迹线在屏幕上的水平位置拉出时扫描速度被扩展 10 倍

3．操作方法

（1）电源检查。CA8020 双踪示波器电源电压为 220V±10%。接通电源前，检查当地电源电压，如果不相符合，则严格禁止使用！

（2）面板一般功能检查。

1）将有关控制件按附表 1 - 2 置位。

附表 1 - 2 控制件置位说明

控制件名称	作用位置	控制件名称	作用位置
亮度	居中	触发方式	峰值自动
聚焦	居中	扫描速率	0.5ms/div
位移	居中	极性	正
垂直方式	CH1	触发源	INT
灵敏度选择	10mV/div	内触发源	CH1
微调	校正位置	输入耦合	AC

2）接通电源，电源指示灯亮，稍预热后，屏幕上出现扫描光迹，分别调节亮度、聚焦、辅助聚焦、迹线旋转、垂直、水平移位等控制件，使光迹清晰并与水平刻度平行。

3）用 10∶1 探极将校正信号输入至 CH1 输入插座。

4）调节示波器有关控制件，使荧光屏上显示稳定且易观察方波波形。

5）将探极换至 CH2 输入插座，垂直方式置于"CH2"，内触发源置于"CH2"，重复 4）操作。

（3）垂直系统的操作。

1）垂直方式的选择。当只需观察一路信号时，将"垂直方式"开关置"CH1"或"CH2"，此时被选中的通道有效，被测信号可从通道端口输入。当需要同时观察两路信号时，将"垂直方式"开关置"交替"，该方式使两个通道的信号被交替显示，交替显示的频率受扫描周期控制。当扫速低于一定频率时，交替方式显示会出现闪烁，此时应将开关置于"断续"位置。当需要观察两路信号代数和时，将"垂直方式"开关置于"代数和"位置，在选择这种方式时，两个通道的衰减设置必须一致，CH2 移位处于常态时为 CH1 + CH2，CH2 移位拉出时为 CH1 - CH2。

2）输入耦合方式的选择。

直流（DC）耦合：适用于观察包含直流成分的被测信号，如信号的逻辑电平和静态信号的直流电平，当被测信号的频率很低时，也必须采用这种方式。

交流（AC）耦合：信号中的直流分量被隔断，用于观察信号的交流分量，如观察较高直流电平上的小信号。

接地（GND）：通道输入端接地（输入信号断开），用于确定输入为零时光迹所处位置。

3）灵敏度选择（V/div）的设定。按被测信号幅值的大小选择合适档级。"灵敏度选择"开关外旋钮为粗调，中心旋钮为细调（微调），微调旋钮按顺时针方向旋足至校正位置时，可根据粗调旋钮的示值（V/div）和波形在垂直轴方向上的格数读出被测信号幅值。

（4）触发源的选择。

1）触发源选择。当触发源开关置于"电源"触发，机内 50Hz 信号输入到触发电路。

当触发源开关置于"常态"触发，有两种选择：一种是"外触发"，由面板上外触发输入插座输入触发信号；另一种是"内触发"，由内触发源选择开关控制。

2）内触发源选择。

"CH1"触发：触发源取自通道 1。

"CH2"触发：触发源取自通道 2。

"交替触发"：触发源受垂直方式开关控制，当垂直方式开关置于"CH1"，触发源自动切换到通道 1；当垂直方式开关置于"CH2"，触发源自动切换到通道 2；当垂直方式开关置于"交替"，触发源与通道 1、通道 2 同步切换，在这种状态使用时，两个不相关的信号其频率不应相差很大，同时垂直输入耦合应置于"AC"，触发方式应置于"自动"或"常态"。当垂直方式开关置于"断续"和"代数和"时，内触发源选择应置于"CH1"或"CH2"。

（5）水平系统的操作。

1）扫描速度选择（t/div）的设定。按被测信号频率高低选择合适档级，"扫描速率"开关外旋钮为粗调，中心旋钮为细调（微调），微调旋钮按顺时针方向旋足至校正位置时，可根据粗调旋钮的示值（t/div）和波形在水平轴方向上的格数读出被测信号的时间参数。当需要观察波形某一个细节时，可进行水平扩展 ×10，此时原波形在水平轴方向上被扩展 10 倍。

2）触发方式的选择。

"常态"：无信号输入时，屏幕上无光迹显示；有信号输入时，触发电平调节在合适位置上，电路被触发扫描。当被测信号频率低于 20Hz 时，必须选择这种方式。

"自动"：无信号输入时，屏幕上有光迹显示；一旦有信号输入时，电平调节在合适位置上，电路自动转换到触发扫描状态，显示稳定的波形，当被测信号频率高于 20Hz 时，最常用这一种方式。

"电视场"：对电视信号中的场信号进行同步，如果是正极性，则可以由 CH2 输入，借助于 CH2 移位拉出，把正极性转变为负极性后测量。

"峰值自动"：这种方式同自动方式，但无须调节电平即能同步，它一般适用于正弦波、对称方波或占空比相差不大的脉冲波。对于频率较高的测试信号，有时也要借助于电平调节，它的触发同步灵敏度要比"常态"或"自动"稍低一些。

3）"极性"的选择。用于选择被测试信号的上升沿或下降沿去触发扫描。

4）"电平"的位置。用于调节被测信号在某一合适的电平上启动扫描，当产生触发扫描后，触发指示灯亮。

4. 测量电参数

（1）电压的测量。示波器的电压测量实际上是对所显示波形的幅度进行测量，测量时应使被测波形稳定地显示在荧光屏中央，幅度一般不宜超过 6div，以避免非线性失真造成的测量误差。

交流电压的测量：

1）将信号输入至 CH1 或 CH2 插座，将垂直方式置于被选用的通道。

2）将 Y 轴"灵敏度微调"旋钮置校准位置，调整示波器有关控制件，使荧光屏上显示稳定、易观察的波形，则交流电压幅值为：

$$V_{p-p} = 垂直方向格数(\text{div}) \times 垂直偏转因数(\text{V/div})$$

直流电平的测量：

1）设置面板控制件，使屏幕显示扫描基线。

2）设置被选用通道的输入耦合方式为"GND"。

3）调节垂直移位，将扫描基线调至合适位置，作为零电平基准线。

4）将"灵敏度微调"旋钮置校准位置，输入耦合方式置"DC"，被测电平由相应 Y 输入端输入，这时扫描基线将偏移，读出扫描基线在垂直方向偏移的格数（div），则被测电平：

$$V = 垂直方向偏移格数(\text{div}) \times 垂直偏转因数(\text{V/div}) \times 偏转方向(+ 或 -)$$

式中，基线向上偏移取正号，基线向下偏移取负号。

（2）时间测量。时间测量是指对脉冲波形的宽度、周期、边沿时间及两个信号波形间的时间间隔（相位差）等参数的测量。一般要求被测部分在荧光屏 X 轴方向应占（4~6）div。

时间间隔的测量：

对于一个波形中两点间的时间间隔的测量，测量时先将"扫描微调"旋钮置校准位置，调整示波器有关控制件，使荧光屏上波形在 X 轴方向大小适中，读出波形中需测量两点间水平方向格数，则时间间隔为：

$$时间间隔 = 两点之间水平方向格数(\text{div}) \times 扫描时间因数(\text{t/div})$$

脉冲边沿时间的测量：

上升（或下降）时间的测量方法和时间间隔的测量方法一样，只不过是测量被测波形满幅度的 10% 和 90% 两点之间的水平方向距离，如附图 1-5 所示。

用示波器观察脉冲波形的上升边沿、下降边沿时，必须合理选择示波器的触发极性（用触发极性开关控制）。显示波形的上升边沿用"+"极性触发，显示波形的下降边沿用"-"极性触发。如波形的上升沿或下降沿较快则可将水平扩展 ×10，使波形在水平方向上扩展 10 倍，则上升（或下降）时间为：

$$上升（或下降）时间 = \frac{水平方向格数(\text{div}) \times 扫描时间因数(\text{t/div})}{水平扩展倍数}$$

相位差的测量：

1）参考信号和一个待比较信号分别馈入"CH1"和"CH2"输入插座。

2）根据信号频率，将垂直方式置于"交替"或"断续"。

3）设置内触发源至参考信号那个通道。

4）将 CH1 和 CH2 输入耦合方式置"⊥"，调节 CH1，CH2 移位旋钮，使两条扫描基线重合。

5）将 CH1，CH2 耦合方式开关置"AC"，调整有关控制件，使荧光屏显示大小适中、便于观察两路信号，如附图 1-6 所示。读出两波形水平方向差距格数 D 及信号周期所占格数 T，则相位差为：

$$\theta = \frac{D(\text{div})}{D_T(\text{div})} \times 360°$$

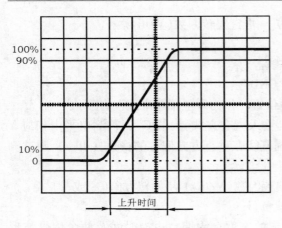

附图 1 – 5　上升时间的测量

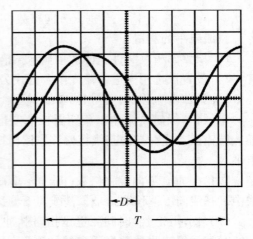

附图 1 – 6　相位差的测量

附录 2   用万用电表对常用电子元器件检测

用万用表可以对晶体二极管、三极管、电阻、电容等进行粗测。万用表电阻档等值电路如附图 2-1 所示，其中的 R_o 为等效电阻，E_o 为表内电池。当万用表处于 $R \times 1$，$R \times 100$，$R \times 1k\Omega$ 档时，一般，$E_o = 1.5V$，而处于 $R \times 10k\Omega$ 档时，$E_o = 15V$。测试电阻时要记住，红表笔接在表内电池负端（表笔插孔标" + "号），而黑表笔接在正端（表笔插孔标" - "号）。

1. 晶体二极管管脚极性、质量的判别

晶体二极管由一个 PN 结组成，具有单向导电性，其正向电阻小（一般为几百欧），而反向电阻大（一般为几十千欧至几百千欧），利用此点可进行判别。

（1）管脚极性判别。将万用表拨到 $R \times 100$（或 $R \times 1k\Omega$）的欧姆档，把二极管的两只管脚分别接到万用表的两根测试笔上，如附图 2-2 所示。如果测出的电阻较小（约几百欧），则与万用表黑表笔相接的一端是正极，另一端就是负极。相反，如果测出的电阻较大（约百千欧），那么与万用表黑表笔相连接的一端是负极，另一端就是正极。

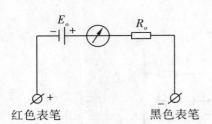

附图 2-1   万用表电阻档等值电路

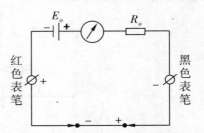

附图 2-2   判断二极管极性

（2）判别二极管质量的好坏。一个二极管的正、反向电阻差别越大，其性能就越好。如果双向电值都较小，说明二极管质量差，不能使用；如果双向阻值都为无穷大，则说明该二极管已经断路；如果双向阻值均为零，说明二极管已被击穿。

利用数字万用表的二极管档也可判别正、负极，此时红表笔（插在"V·Ω"插孔）带正电，黑表笔（插在"COM"插孔）带负电。用两支表笔分别接触二极管两个电极，若显示值在 1V 以下，说明管子处于正向导通状态，红表笔接的是正极，黑表笔接的是负极；若显示溢出符号"1"，表明管子处于反向截止状态，黑表笔接的是正极，红表笔接的是负极。

2. 晶体三极管管脚、质量判别

可以把晶体三极管的结构看作是两个背靠背的 PN 结，对 NPN 型来说基极是两个 PN 结的公共阳极，对 PNP 型管来说基极是两个 PN 结的公共阴极，分别如附图 2-3(a)、(b) 所示。

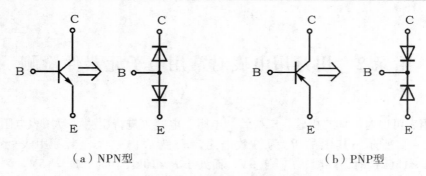

（a）NPN型　　　　　　　　　（b）PNP型

附图 2–3　晶体三极管结构示意图

（1）管型与基极的判别。万用表置电阻档，量程选 1kΩ 档（或 $R \times 100$），将万用表任一表笔先接触某一个电极——假定的公共极，另一表笔分别接触其他两个电极。当两次测得的电阻均很小（或均很大），则前者所接电极就是基极；如两次测得的阻值一大、一小，相差很多，则前者假定的基极有错，应更换其他电极重测。

根据上述方法，可以找出公共极，该公共极就是基极 B，若公共极是阳极，该管属 NPN 型管，反之则是 PNP 型管。

（2）发射极与集电极的判别。为使三极管具有电流放大作用，发射结需加正偏置，集电结加反偏置，如附图 2–4 所示。

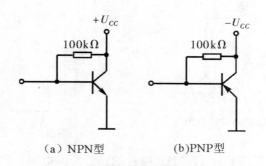

（a）NPN型　　　　　　（b)PNP型

附图 2–4　晶体三极管的偏置情况

当三极管基极 B 确定后，便可判别集电极 C 和发射极 E，同时还可以大致了解穿透电流 I_{CEO} 和电流放大系数 β 的大小。

以 PNP 型管为例。若用红表笔（对应表内电池的负极）接集电极 C，黑表笔接 E 极（相当于 C，E 极间电源正确接法），如附图 2–5 所示，这时万用表指针摆动很小，它所指示的电阻值反映管子穿透电流 I_{CEO} 的大小（电阻值大，表示 I_{CEO} 小）。如果在 C，B 间跨接一只 $R_{\text{B}} = 100\text{k}\Omega$ 的电阻，此时万用表指针将有较大摆动，它指示的电阻值较小，反映了集电极电流 $I_{\text{C}} = I_{\text{CEO}} + \beta I_{\text{B}}$ 的大小，且电阻值减小愈多表示 β 愈大。如果 C，E 极接反（相当于 C–E 间电源极性反接），则三极管处于倒置工作状态，此时电流放大系数很小（一般 <1），于是万用表指针摆动很小。因此，比较 C–E 极两种不同电源极性接法，便可判断 C 极和 E 极。同时，还可大致了解穿透电流 I_{CEO} 和电流放大系数 β 的大小，如万用

表上有 h_{FE} 插孔，可利用 h_{FE} 来测量电流放大系数 β。

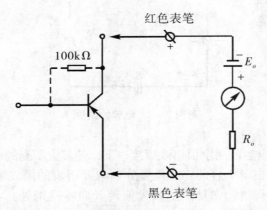

红色表笔

$100k\Omega$

黑色表笔

附图2－5　晶体三极管集电极 C、发射极 E 的判别

3. 检查整流桥堆的质量

整流桥堆是把四只硅整流二极管接成桥式电路，再用环氧树脂（或绝缘塑料）封装而成的半导体器件。桥堆有交流输入端（A，B）和直流输出端（C，D），如附图2－6所示。

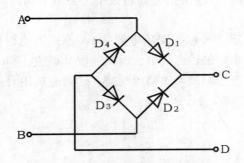

附图2－6　整流桥堆管脚及质量判别

采用判定二极管的方法可以检查桥堆的质量。从附图2－6 中可看出，交流输入端 A－B 之间总会有一只二极管处于截止状态使 A－B 间总电阻趋向于无穷大。直流输出端 D－C 间的正向压降则等于两只硅二极管的压降之和。因此，用数字万用表的二极管档测 A－B 的正、反向电压时均显示被溢出，而测 D－C 时显示大约1V，即可证明桥堆内部无短路现象。如果有一只二极管已经被击穿短路，那么测 A－B 的正、反向电压时，必定有一次显示 0.5V 左右。

4. 电容的测量

电容的测量一般应借助于专门的测试仪器，通常用电桥。而用万用表仅能粗略地检查一下电解电容是否失效或漏电情况。测量电路如附图2－7 所示。

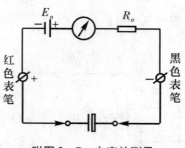

附图 2 - 7　电容的测量

　　测量前应先将电解电容的两个引出线短接一下，使其上所充的电荷释放。然后，将万用表置于 $1k\Omega$ 档，并将电解电容的正、负极分别与万用表的黑表笔、红表笔接触。在正常情况下，可以看到表头指针先是产生较大偏转（向零欧姆处），以后逐渐向起始零位（高阻值处）返回。这反映了电容器的充电过程，指针的偏转反映电容器充电电流的变化情况。

　　一般说来，表头指针偏转愈大，返回速度愈慢，则说明电容器的容量愈大；若指针返回到接近零位（高阻值），说明电容器漏电阻很大，指针所指示电阻值即为该电容器的漏电阻。对于合格的电解电容器而言，该阻值通常在 $500k\Omega$ 以上。电解电容在失效时（电解液干涸，容量大幅度下降），表头指针偏转很小，甚至不偏转。已被击穿的电容器，其阻值接近于零。

　　对于容量较小的电容器（云母、瓷质电容等），原则上也可以用上述方法进行检查，但由于电容量较小，表头指针偏转也很小，返回速度又很快，实际上难以对它们的电容量和性能进行鉴别，仅能检查它们是否短路或断路，这时应选用 $R \times 10k\Omega$ 档测量。

附录3 电阻器的标称值及精度色环标志法

色环标志法是用不同颜色的色环在电阻器表面标称阻值和允许偏差。

1. 两位有效数字的色环标志法

普通电阻器用四条色环表示标称阻值和允许偏差，其中三条表示阻值，一条表示偏差，如附图 3-1 所示。

2. 三位有效数字的色环标志法

精密电阻器用五条色环表示标称阻值和允许偏差，如附图 3-2 所示。

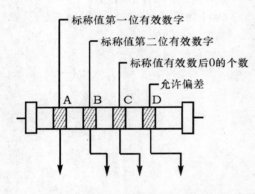

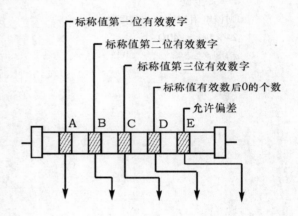

颜色	第一有效数	第二有效数	倍率	允许偏差
黑	0	0	10^0	
棕	1	1	10^1	
红	2	2	10^2	
橙	3	3	10^3	
黄	4	4	10^4	
绿	5	5	10^5	
蓝	6	6	10^6	
紫	7	7	10^7	
灰	8	8	10^8	
白	9	9	10^9	+50% −20%
金			10^{-1}	±5%
银			10^{-2}	±10%
无色				±20%

附图 3-1　两位有效数字的阻值色环标志法

颜色	第一有效数	第二有效数	第三有效数	倍率	允许偏差
黑	0	0	0	10^0	
棕	1	1	1	10^1	±1%
红	2	2	2	10^2	±2%
橙	3	3	3	10^3	
黄	4	4	4	10^4	
绿	5	5	5	10^5	±0.5%
蓝	6	6	6	10^6	±0.25%
紫	7	7	7	10^7	±0.1%
灰	8	8	8	10^8	
白	9	9	9	10^9	
金				10^{-1}	
银				10^{-2}	

附图 3-2　三位有效数字的阻值色环标志法

示例：

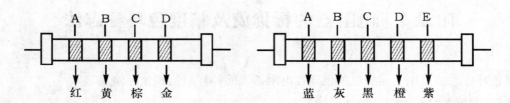

如：色环

 A——红色；

 B——黄色；

 C——棕色；

 D——金色。

 则该电阻标称值及精度为：

 $24 \times 10^1 = 240\Omega$，

 精度：$\pm 5\%$

如：色环

 A——蓝色；B——灰色

 C——黑色；D——橙色

 E——紫色。

 则该电阻标称值及精度为：

 $680 \times 10^3 = 680\mathrm{k}\Omega$，

 精度：$\pm 0.1\%$

附录 4 常用集成电路引脚图

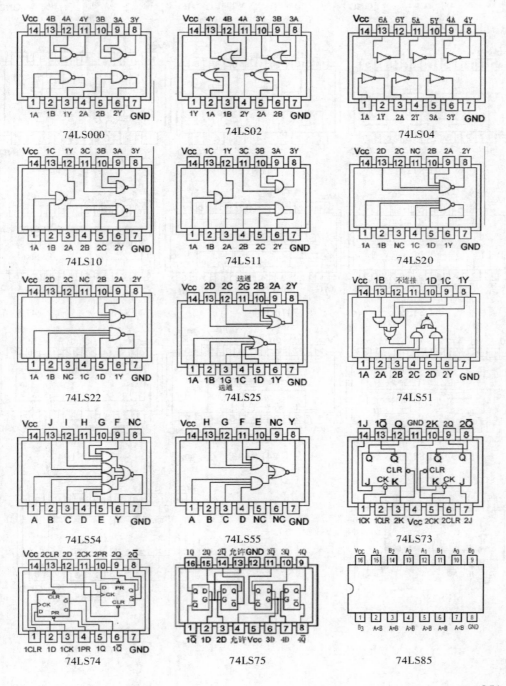

74LS000

74LS02

74LS04

74LS10

74LS11

74LS20

74LS22

74LS25

74LS51

74LS54

74LS55

74LS73

74LS74

74LS75

74LS85

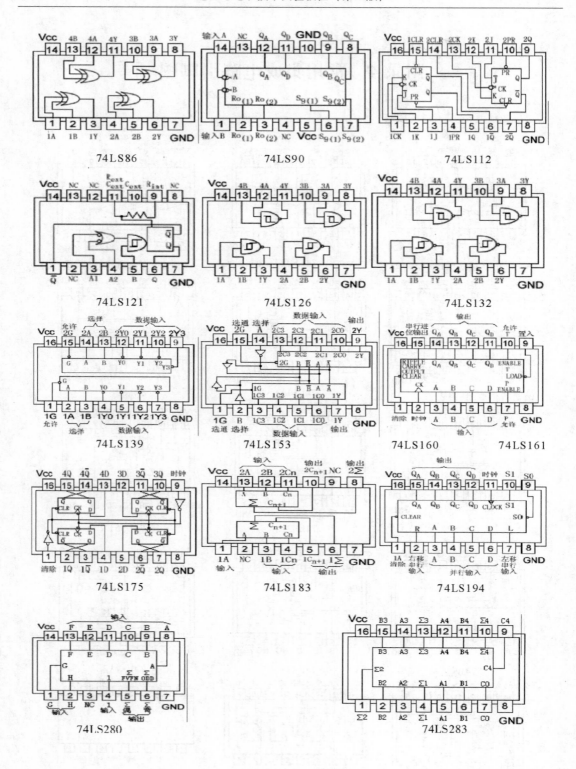

附　录

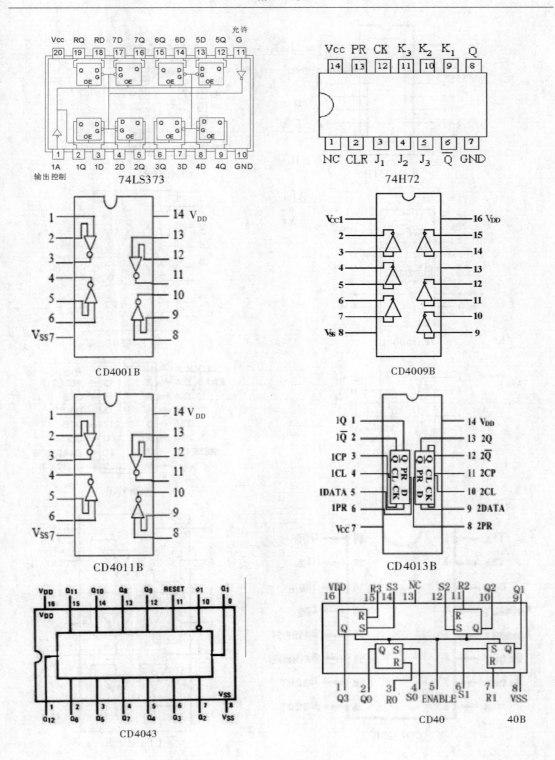

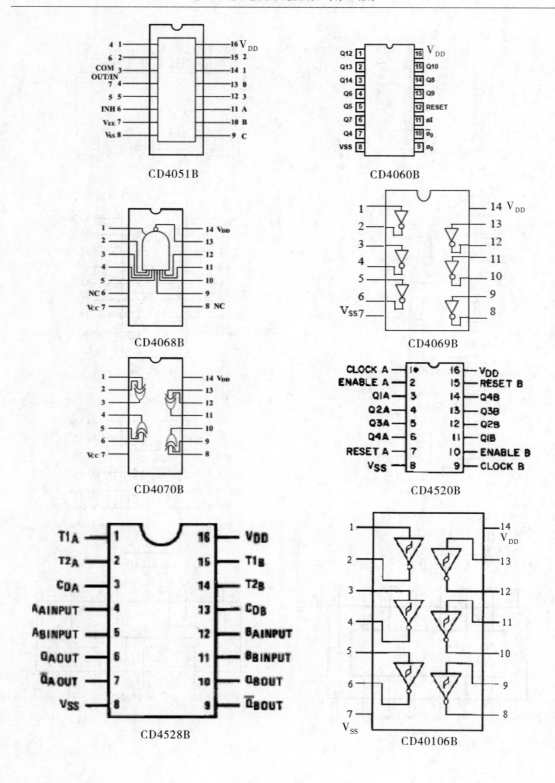

CD4051B

CD4060B

CD4068B

CD4069B

CD4070B

CD4520B

CD4528B

CD40106B

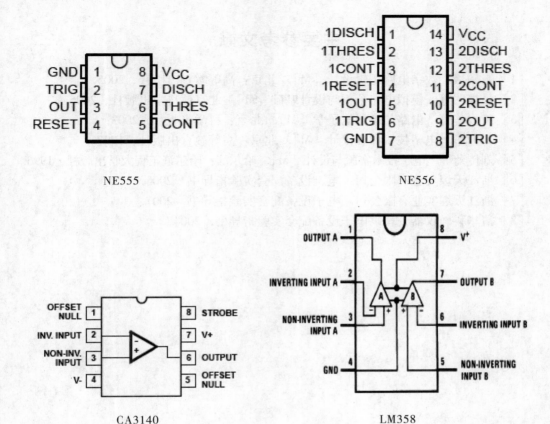

NE555　　　　　　　　　　　NE556

CA3140　　　　　　　　　　LM358

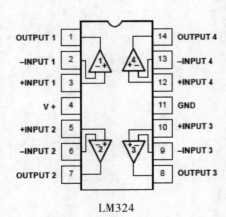

LM324

主要参考文献

［1］ 王毓银. 数字电路逻辑设计［M］. 北京：高等教育出版社，2005.

［2］ 吴援明等. 模拟电路分析与设计基础［M］. 北京：科学出版社，2006.

［3］ 王成华等. 电路与模拟电子学［M］. 北京：科学出版社，2003.

［4］ 彭介华. 电子技术课程设计［M］. 北京：高等教育出版社，1997.

［5］ 刘传菊等. 电子技术实验与设计［M］. 哈尔滨：哈尔滨工程大学出版社，1996.

［6］ 浙江天煌实业有限公司. 电工设备配套实验指导书. 2003.

［7］ 浙江天煌实业有限公司. 电子设备配套实验指导书. 2007.

［8］ 清华科教仪器公司. 电子设备配套实验指导书. 2004.